Arbeiten mit Messdaten

Philipp Möhrke · Bernd-Uwe Runge

Arbeiten mit Messdaten

Eine praktische Kurzeinführung nach GUM

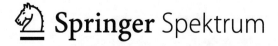 Springer Spektrum

Philipp Möhrke
Universität Konstanz
Fachbereich Physik
Konstanz, Deutschland

Bernd-Uwe Runge
Universität Konstanz
Fachbereich Physik
Konstanz, Deutschland

ISBN 978-3-662-60659-9   ISBN 978-3-662-60660-5   (eBook)
https://doi.org/10.1007/978-3-662-60660-5

Die Deutsche Nationalbibliothek verzeichnet diese Publikation in der Deutschen Nationalbiblio-
grafie; detaillierte bibliografische Daten sind im Internet über http://dnb.d-nb.de abrufbar.

Planung/Lektorat: Margit Maly
Springer Spektrum ist ein Imprint der eingetragenen Gesellschaft Springer-Verlag GmbH, DE
und ist ein Teil von Springer Nature.
Die Anschrift der Gesellschaft ist: Heidelberger Platz 3, 14197 Berlin, Germany

Vorwort

Zur Vorbereitung der Neudefinition des Internationalen Einheitensystems SI im Jahr 2018 war es entscheidend, einige fundamentale Naturkonstanten zu bestimmen. In diesem Zusammenhang wurde das sogenannte Planck'sche Wirkungsquantum h von einer Forschergruppe im Jahr 2015 auf einen Wert von $6{,}626\,069\,36 \cdot 10^{-34}$ Js (Schlamminger et al. 2015) und von einer anderen Gruppe im selben Jahr über ein anderes Experiment auf einen Wert von $6{,}626\,070\,16 \cdot 10^{-34}$ Js (Azuma et al. 2015) bestimmt. Auf den ersten Blick mag das nicht nach einem Problem aussehen, stimmen die Ergebnisse doch in den ersten fünf Stellen komplett überein. Die Diskussion über diese Ergebnisse wird erst verständlich, wenn man betrachtet, wie sicher sich die Wissenschaftler ihrer Ergebnisse waren oder anders ausgedrückt, wie klein die jeweiligen Unsicherheiten waren. Diese lagen nämlich erst im Bereich der achten und neunten Stelle der angegebenen Ergebnisse, waren also wesentlich kleiner als die Differenz der Ergebnisse. Ohne Messunsicherheiten ist die Bewertung von Messergebnissen und damit wissenschaftliche Diskussion schlicht nicht möglich.

Daher ist die Beurteilung der Messunsicherheit, an vielen Stellen auch noch „Fehlerrechnung" genannt, fester Inhalt der Praktika vieler Studiengänge in den Natur- und Ingenieurwissenschaften. Vielfach ist dieses Thema aber gleichzeitig unbeliebt und wird als sehr schwierig und undurchsichtig wahrgenommen. Auch wird oft beklagt, dass für den Umgang mit Messunsicherheiten eine Vielzahl unzusammenhängend wirkender Formeln und Regelungen benötigt wird.

Das vorliegende Buch soll an dieser Stelle Abhilfe schaffen und all jenen helfen, die für Studium oder Beruf einen konsistenten und anwendungsorientierten Zugang zum Thema Messunsicherheiten suchen. Daher liegt der klare Fokus dieses Buches weniger auf der konsequenten mathematischen Fundierung des Themas oder vollständigen Herleitungen, sondern auf der Vermittlung einer tragfähigen und direkt in der Praxis anwendbaren Grundlage. Auch konzentrieren wir uns darauf, alle Themen auf Basis weniger zentraler Punkte aufzubauen. Dabei orientieren wir uns konsequent am international anerkannten ISO-Guide 98-1 zur Angabe von Unsicherheiten.

Dieser hat sich jenseits der Metrologie (der Wissenschaft des Messwesens) und der Prüftechnik leider noch nicht vollständig durchgesetzt, obwohl das dort beschriebene Verfahren sehr tragfähig ist und unserer Erfahrung nach darüber hinaus einen didaktisch guten Zugang zu dieser Thematik bietet.

Eine Bitte an Sie als kritische Leserinnen und Leser:

Trotz sorgfältigster Arbeit an diesem Buch sind wir uns darüber im Klaren, dass Sie den einen oder anderen Tippfehler oder auch Unklarheiten finden werden, die uns entgangen sind, und dass Sie selbst viele weitere gute Ideen zur Verbesserung dieses Buches haben. Behalten Sie diese bitte nicht für sich, sondern schicken Sie uns eine E-Mail an philipp.moehrke@uni-konstanz.de oder bernd-uwe.runge@uni-konstanz.de. Insbesondere freuen wir uns über weitere Beispiele oder neue Ideen, wie die Dinge noch besser oder noch anschaulicher erklärt werden könnten.

Konstanz   Philipp Möhrke
Oktober 2019   Bernd-Uwe Runge

Inhaltsverzeichnis

Über die Autoren

Philipp Möhrke studierte Physik in Berlin und Manchester, UK, und promovierte 2010 in Konstanz. Seitdem ist er dort als Dozent für Fachdidaktik der Physik tätig. Er ist Mitglied der Binational School of Education der Universität Konstanz und der PH Thurgau, Schweiz.

Bernd-Uwe Runge studierte Physik in Konstanz und promovierte dort 1996. Nach Postdoc-Phasen am IBM Almaden Research Center in den USA und in Konstanz übernahm er 2001 die Leitung des Physikalischen Anfängerpraktikums an der Universität Konstanz.

Für ihre herausragenden, innovativen und beispielgebenden Leistungen in der Lehre, insbesondere die vollständig neue Aufbereitung des Themas „Messunsicherheitsanalyse", wurden die Autoren 2018 mit dem Ars legendi-Fakultätenpreis Mathematik und Naturwissenschaften im Fach Physik ausgezeichnet.

Einleitung

1

Die quantitative Bestimmung physikalischer Größen, das Messen, ist eine zentrale Aufgabe in vielen verschiedenen Gebieten von den Naturwissenschaften über die Ingenieurwissenschaften bis hin zum täglichen Leben. Wer hätte nicht schon einmal eine Menge Milch abgemessen oder die Größe eines Zimmers bestimmt. Im Zuge des Fortschritts werden dabei gerade im wissenschaftlichen Kontext unsere Messmethoden immer besser und genauer.

Ergebnisse von Messungen werden gleichzeitig auch im täglichen Leben zunehmend wichtiger. So finden sich zahllose Nachrichten in den Medien, die mit Ergebnissen in Zahlenform angereichert sind. Dies reicht von der Temperaturangabe im Wetterbericht (Höchsttemperatur morgen 21 °C) bis hin zum CO_2-Ausstoß von Autos. Angaben zur Genauigkeit oder Zuverlässigkeit dieser Zahlenwerte sind hingegen sehr selten. So könnte man bei einem Wetterbericht z. B. die Zuverlässigkeit der Vorhersage oder eine Temperaturspanne angeben. Implizit denken wir diese Genauigkeit in uns vertrauten Bereichen häufig mit und würden, um beim Beispiel des Wetterberichts zu bleiben, eine Temperatur von 22 °C durchaus als mit dem Wetterbericht vereinbar bewerten.

Bei uns unbekannten Bereichen wird es weit schwieriger, weil uns die Erfahrung zum Bewerten des angegebenen Wertes fehlt. Auch beim wissenschaftlichen Arbeiten mit Daten ist eine standardisierte Angabe der Zuverlässigkeit eines Ergebnisses essenziell, weil dem Leser einer Veröffentlichung häufig die genaue Messmethode und deren Eigenheiten gar nicht bekannt sind. Eine Bewertung von Messdaten ist aber gerade der Kern wissenschaftlichen Arbeitens, um die Passung von Vorhersagen aus wissenschaftlichen Modellen oder Theorien mit Messergebnissen zu überprüfen und so Modelle weiterentwickeln zu können. Gerade in der Abweichung zwischen Modellvorhersage und Messergebnis kann sich auch neue wissenschaftliche Erkenntnis verbergen. Diese kann man aber erst erkennen, wenn Informationen

© Springer-Verlag GmbH Deutschland, ein Teil von Springer Nature 2020
P. Möhrke und B.-U. Runge, *Arbeiten mit Messdaten*,
https://doi.org/10.1007/978-3-662-60660-5_1

über die Zuverlässigkeit des Ergebnisses vorliegen. Wie sollte man sonst unterscheiden, ob eine Abweichung in diesem Ausmaß völlig normal ist, oder ob hier wirklich etwas Neues gemessen wurde.

Die Idee, Ergebnissen eine „Zuverlässigkeit" zuzuordnen, ist keineswegs neu und findet sich bereits in Lamberts Schrift *Photometria* aus dem Jahr 1760. Hier beschreibt er u. a., wie diese über die Veränderung des Mittelwerts, berechnet man diesen mit oder ohne die am weitesten außen liegenden Messwerte, bestimmt werden könnten. Sheynin sieht damit in Lambert den Erfinder der Theorie zur Zuverlässigkeit von Messwerten noch weit vor Gauß (Sheynin 1966). Die Behandlung dieses lange Zeit als „Fehler" bezeichneten Wertes hat sich über die Jahre mehrfach verändert und so eine gewisse Zahl von unterschiedlichen, teilweise auch widersprüchlichen Verfahren hervorgebracht, wie dieser zu ermitteln ist.

Aufgrund dieser mangelnden Standardisierung beauftragte das *Comité International des Poids et Mesures* (CIPM) 1978 seine ausführende Stelle, das *Bureau International des Poids et Mesures* (BIPM), einen international anerkannten Standard zu erarbeiten. Die Arbeit von elf internationalen metrologischen Instituten in untergeordneten Arbeitsgruppen mündete dann im Jahr 1995 in den *Guide to the Expression of Uncertainty in Measurement* (GUM), der später in den ISO-Guide 98-1 überführt wurde (ISO/IEC Guide 98-1 2009). Dieser Leitfaden stellt damit heute die international vereinbarte Grundlage der Arbeit mit Messdaten dar und ist im industriellen Umfeld nicht mehr wegzudenken. So berufen sich internationale Normen im Bereich Qualitätsdokumentation wie ISO 9000 und ISO 17025 auf diesen Leitfaden. Auch im wissenschaftlichen Umfeld setzt sich diese Art der Ermittlung und Angabe der Unsicherheit von Messdaten mehr und mehr durch.

Das vorliegende Lehrbuch soll als Einführung in dieses zentrale und vielfach als sehr komplex wahrgenommene Themenfeld dienen. Die Darstellungen stützen sich dabei auf einige wenige zentrale Grundbausteine, auf die immer wieder Bezug genommen wird, um ein zusammenhängendes Bild zu entwerfen. Auch folgt das Vorgehen strikt den Empfehlungen des Leitfadens und erweitert diesen an einigen Stellen um konkrete Handlungsempfehlungen für häufig auftretende Fälle. So ist neben einer hohen Anschlussfähigkeit des Wissens eine direkte Anwendbarkeit sichergestellt. Mathematische Berechnungen und abstrakte formelhafte Darstellungen wurden zugunsten eines generellen Verständnisses auf ein Minimum reduziert und an möglichst vielen Stellen durch konkrete Beispiele illustriert. Das Buch richtet sich explizit an Studierende und andere Personen, die den fachlich korrekten Umgang mit Messdaten erlernen wollen.

In den einzelnen Kapiteln dieses Buches wird das Thema Messen und Messdaten von den Grundlagen über komplexere Themen wie die Anpassung von Messfunktionen bis hin zum quantitativen Vergleich von Messergebnissen stetig weiterentwickelt. So sind die ersten Kapitel Themen wie dem Messvorgang selbst, dem Ergebnis von Messungen sowie der korrekten Angabe der Ergebnisse gewidmet. Darauf aufbauend wird in den Kapiteln Modelle, Kombination von Messergebnissen und Anpassung beschrieben, wie über verschiedene Verfahren aus Messdaten neue Größen gewonnen werden können und wie deren Unsicherheit von der der ursprünglichen Messdaten abhängt. Abschließend wird im letzten Kapitel die Bewertung und der Vergleich von Messdaten thematisiert, die einen zentralen Nutzen von Messunsicherheiten darstellen.

Messen

2

Inhaltsverzeichnis

2.1 Messung: Zahlenwert und Einheit

Mit Messungen werden quantitative Aussagen über ein Merkmal (die „Messgröße") eines physikalischen Objektes gemacht. Dies kann z. B. seine Länge, Fläche, Masse, Dichte, Temperatur, Geschwindigkeit oder sein Impuls, Drehimpuls usw. sein. Diese quantitative Aussage der Messung beruht darauf, dass die betrachtete Messgröße mit einem prinzipiell willkürlich festgelegten Maßstab (der „Einheit") verglichen wird. Abb. 2.1 zeigt einen solchen Vergleich am Beispiel einer Tafelwaage. Dabei erhält man einen Zahlenwert, der angibt, wie oft die Einheit in der Messgröße enthalten ist. Zu jeder physikalischen Messgröße gehören daher immer Zahlenwert und Einheit. Diese grundlegenden Prinzipien des Messens werden in Deutschland durch die Normen DIN 1319-1 bis 1319-4 festgelegt (DIN 1319-1 1995; DIN 1319-2 2005; DIN 1319-3 1996; DIN 1319-4 1999). Sie definiert die Messung als „geplante Tätigkeit zum quantitativen Vergleich einer Messgröße mit der Einheit". Das Ergebnis einer Messung lautet also:

© Springer-Verlag GmbH Deutschland, ein Teil von Springer Nature 2020
P. Möhrke und B.-U. Runge, *Arbeiten mit Messdaten*,
https://doi.org/10.1007/978-3-662-60660-5_2

Messwert	$=$	Zahlenwert	$\cdot$ Einheit
x	$=$	$\{x\}$	$\cdot$ $[x]$
Beispiel:			
Lichtgeschwindigkeit im Vakuum	$=$	$299\,792\,458$	$\cdot$ $\frac{\text{Meter}}{\text{Sekunde}}$

Die Notation mit geschweiften Klammern für „der Zahlenwert von" und eckigen Klammern für „die Einheit von" ist international gebräuchlich. Man findet sie z. B. in der Norm (DIN EN ISO 80000-1 2013).

Nach dieser Norm gilt weiterhin, dass der Zahlenwert einer Messgröße in Bezug auf eine bestimmte Einheit durch Hinzufügen der Einheit als Index an die geschweifte Klammer notiert werden kann, also z. B. bei einer Wellenlänge $\{\lambda\}_{\text{nm}}$. Vorzuziehen ist in solchen Fällen aber die Schreibweise als Verhältnis zwischen der Messgröße und der Einheit, also $\frac{\lambda}{\text{nm}}$.

Wesentlich beim Messvorgang sind also:

- die *Wahl einer Einheit*,
- der *quantitative Vergleich* der fraglichen Messgröße mit dieser Einheit.

Prinzipiell kann jeder Mensch frei seine eigene Einheit wählen. Man könnte den Durchmesser einer CD also z. B. in Vielfachen der Breite des eigenen Daumens ausdrücken. Auf diese Weise hat man eine ganz individuelle Einheit festgelegt. Um die Ergebnisse aber mit Kolleginnen und Kollegen teilen zu können, ist eine gemeinsame Regelung nötig. Andernfalls müsste man seinen Daumen für alle Längenmessungen zur Verfügung stellen, was sicher reichlich unpraktisch wäre. Lange Zeit waren aber viele individuelle Einheitensysteme in unterschiedlichen Ländern oder gar Landesteilen weitverbreitet. So war z. B. eine Elle in Kitzingen $\approx 0{,}83\,\text{m}$ und in Bamberg $\approx 0{,}67\,\text{m}$ lang. Auch heute noch gibt es z. B. für die Gallone (ein Raummaß, welches u. a. für Flugzeugbenzin sehr verbreitet ist) in den USA und Großbritannien unterschiedliche Definitionen. Dieser Fakt führte am 23. Juli 1983 bei Air-Canada-Flug 143 fast zu einem Absturz, da u. a. die benötigte Kraftstoffmenge auf Basis der falschen Gallonendefinition zu knapp berechnet wurde.

Gute Einheiten zeichnen sich dadurch aus, dass sie bei vertretbarem technischem Aufwand möglichst gut reproduzierbar sind und so an beliebigen Orten neu hergestellt werden können. Internationale Vereinbarungen stellen sicher, dass

Abb. 2.1 Tafelwaage mit
unbekannter Masse links
und Einheitsmassestücken
rechts. Wenn die Masse auf
einer Seite größer ist, senkt
sich die Tafel auf dieser
Seite ab

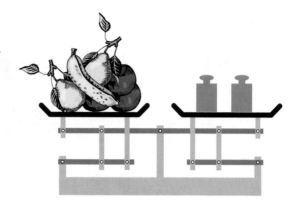

Angaben weltweit verständlich und eindeutig sind. So werden heute (nicht nur) in
den Naturwissenschaften fast ausschließlich die Einheiten des sogenannten Internationalen Einheitensystems verwendet.

2.2 Das Internationale Einheitensystem SI

Für einen reibungslosen Austausch von wissenschaftlichen Ergebnissen, aber auch
für den internationalen Handel mit Waren und Dienstleistungen, ist es von fun-
damentaler Bedeutung, dass es Maßeinheiten gibt, die überall auf der Welt gleich
definiert sind. Diesem Zweck dient das Internationale Einheitensystem oder kurz
SI (von frz. **S**ystème **i**nternational d'unités), das seit dem Jahr 1960 unter dem jet-
zigen Namen in Kraft ist. Vorgängerregelungen gehen zurück bis ins Jahr 1790,
als durch die französische Akademie der Wissenschaften erstmals ein Einheitensystem definiert wurde, das auf den Grundeinheiten Meter, Gramm und Sekunde
beruhte. Die Definition dieser Grundgrößen hat sich seitdem mehrfach geändert.
Die jüngste und aufgrund ihres grundlegenden Charakters voraussichtlich auch für
lange Zeit – wenn nicht sogar für immer – letzte dieser Änderungen erfolgte am
16. November 2018, als die 26. Generalkonferenz für Maß und Gewicht (CGPM
von frz. **C**onférence **G**énérale des **P**oids et **M**esures) in Versailles beschloss, ab
dem 20. Mai 2019 alle Basiseinheiten ausschließlich anhand von fundamentalen
Naturkonstanten und anderen Konstanten zu definieren, die vollständig unabhängig von materiellen Prototypen sind. Das offizielle Logo des neuen SI in Abb. 2.2
symbolisiert diese Vorgehensweise.

Der letzte Prototyp, das „Urkilogramm", ist ein Platin-Iridium-Zylinder, der in
einem Tresor des Internationalen Büros für Maß und Gewicht (BIPM von frz. **B**ureau

Abb. 2.2 Offizielles Logo
des neuen SI, das auf der
Definition von sieben
Konstanten beruht. (BIPM
2018)

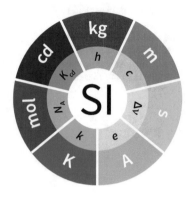

International des Poids et Mesures) in Sèvres bei Paris aufbewahrt wird. Er hatte seit 1889 als Grundlage der gesetzlichen Definition der Basiseinheit Kilogramm gedient. Die Prototypen für alle anderen Einheiten waren schon bei früheren Änderungen des SI ersetzt worden, der „Urmeter" z. b. im Jahr 1960. Um einen reibungslosen Übergang zu gewährleisten, sind die Neudefinitionen so formuliert, dass die Werte aller Basiseinheiten des SI am Tag des Beschlusses im Rahmen der erreichten Messunsicherheit mit den alten Definitionen übereinstimmen. Ab dem 20. Mai 2019 gelten dann ausschließlich die neuen Definitionen.

Durch Definition wird im neuen SI festgelegt, dass sieben definierende Konstanten mit den folgenden festen Zahlenwerten und Einheiten dargestellt werden:

1. Die Frequenz des ungestörten Übergangs zwischen den beiden Hyperfeinstrukturniveaus des Grundzustandes von Atomen des Nuklids ^{133}Cs ist $\Delta\nu_{Cs} = 9\,192\,631\,770$ Hz.
2. Die Lichtgeschwindigkeit im Vakuum ist $c = 299\,792\,458\,\frac{m}{s}$.
3. Die Planck-Konstante ist $h = 6,626\,070\,15 \cdot 10^{-34}$ J s.
4. Die Elementarladung ist $e = 1,602\,176\,634 \cdot 10^{-19}$ C.
5. Die Boltzmann-Konstante ist $k = 1,380\,649 \cdot 10^{-23}\,\frac{J}{K}$.
   Insbesondere im deutschen Sprachraum ist auch die Schreibweise k_B sehr verbreitet.
6. Die Avogadro-Konstante ist $N_A = 6,022\,140\,76 \cdot 10^{23}\,\frac{1}{mol}$.

7. Die Lichtausbeute monochromatischer Strahlung der Frequenz $540 \cdot 10^{-12}$ Hz ist $K_{cd} = 683 \frac{lm}{W}$. (Die Frequenz wurde gewählt, weil sie der höchsten Lichtempfindlichkeit des menschlichen Auges beim Tagsehen entspricht und außerdem gleiche Empfindlichkeit bei Tag- und Nachtsehen gewährleistet, so dass die Definition bei Tag, Nacht und Dämmerung gleichermaßen gültig ist (DIN 5031-3 1982).)

Diese Festlegung hat selbstverständlich keinen Einfluss auf Naturkonstanten, sondern nur auf ihre Darstellung im Rahmen des SI. Daraus ergeben sich für die sieben Basiseinheiten die folgenden Ausdrücke:

1. Die Basiseinheit der Zeit (1 Sekunde $= 1$s) ergibt sich aus $\Delta\nu_{Cs}$, da $1\,\text{Hz} = \frac{1}{s}$ ist:
$$1s = \frac{1}{\Delta\nu_{Cs}} \cdot 9\,192\,631\,770.$$

2. Die Basiseinheit der Länge (1 Meter $= 1$m) ergibt sich aus der Lichtgeschwindigkeit c und der Sekunde:
$$1\,\text{m} = c \cdot \frac{1s}{299\,792\,458}.$$

3. Die Basiseinheit der Masse (1 Kilogramm $= 1$kg) ergibt sich aus der Planck-Konstante h, der Sekunde und dem Meter:
$$1\,\text{kg} = h \cdot \frac{1s}{6{,}626\,070\,15 \cdot 10^{-34}\,\text{m}^2}.$$

4. Die Basiseinheit der elektrischen Stromstärke (1 Ampere $= 1$A) ergibt sich aus der Elementarladung e und der Sekunde:
$$1\,\text{A} = e \cdot \frac{1}{1{,}602\,176\,634 \cdot 10^{-19}\,s}.$$

5. Die Basiseinheit der thermodynamischen Temperatur (1 Kelvin $= 1$K) ergibt sich aus der Boltzmann-Konstante k, dem Kilogramm, dem Meter und der Sekunde:
$$1\,\text{K} = \frac{1}{k} \cdot 1{,}380\,649 \frac{\text{kg} \cdot \text{m}^2}{s^2}.$$

6. Die Basiseinheit der Stoffmenge (1 Mol $= 1$mol), also die Zahl der Einzelteilchen in einem Mol eines Stoffes, ergibt sich aus der Avogadro-Konstante N_A:
$$1\,\text{mol} = \frac{1}{N_A} \cdot 6{,}022\,140\,76 \cdot 10^{23}.$$

7. Die Basiseinheit der Lichtstärke (1 Candela $= 1$cd) als Quotient von Lichtstrom (gemessen in der Einheit 1 lm=1 cd sr) und Raumwinkel (gemessen in der Einheit 1 Steradiant $= 1$sr mit der Dimension $\frac{\text{Länge}^2}{\text{Länge}^2} = 1$) ergibt sich aus der Lichtausbeute K_{cd}, dem Kilogramm, dem Meter und der Sekunde:
$$1\,\text{cd} = K_{cd} \cdot \frac{1\,\text{kg}\,\text{m}^2}{683\,\text{sr}\,s^3}.$$

Abb. 2.3 Gegenseitige
Abhängigkeiten der
Basiseinheiten im neuen SI
(vgl. Pisanty 2016)

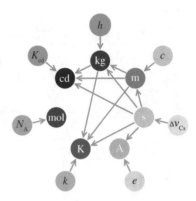

In Abb. 2.3 sind die gegenseitigen Abhängigkeiten der SI-Basiseinheiten und ihre Beziehungen zu den sieben definierten Konstanten dargestellt.

Im Detail mögen die Formulierungen etwas unhandlich erscheinen, aber sie ermöglichen die Erfüllung des lange gehegten Traums einer Festlegung der Einheiten „für alle Zeiten, für alle Völker" (frz. „à tous les temps, à tous les peuples", engl. „for all times, for all peoples"), die zumindest prinzipiell im gesamten Universum gültig ist. Das bedeutet auch, dass die praktische Umsetzung der Einheitendefinitionen jeweils dem technischen Fortschritt folgen und so immer weiter verbessert werden kann. Daher eignen sich derzeit zur Erzeugung der Basiseinheit Kilogramm sowohl die Wattwaage als auch das Avogadro-Projekt, es könnte aber auch jederzeit eine andere Methode entwickelt werden.

Durch die Kombination der Basiseinheiten (s, m, kg, A, K, mol, cd) erhält man sogenannte abgeleitete Einheiten. Werden dabei keine weiteren Vorsilben wie „kilo" oder „milli" verwendet, so ergeben sich die sogenannten kohärenten SI-Einheiten, z. B. $1 \mathrm{Kg} \cdot 1 \frac{m}{s^2} = 1 \frac{\mathrm{Kg} \cdot m}{s^2} = 1\mathrm{N}$. Umrechnungsfaktoren werden dabei nicht benötigt.

2.3   Schätzen

Auch ohne die direkte Verwendung äußerer Hilfsmittel können Aussagen über physikalische Größen getroffen werden, indem man (genau wie beim Messen) Unbekanntes mit Bekanntem vergleicht. Dabei nutzt man das im Laufe des Lebens erworbene Wissen, um Einheiten festzulegen (z. B. die eigene Körpergröße wie in Abb. 2.4) und die Eigenschaften physikalischer Objekte mit ihnen zu vergleichen.

Abb. 2.4 Schätzen der Höhe eines Baumes in Vielfachen der Körpergröße einer Person

Schätzen bedeutet also in keiner Weise Raten! Typische Aussagen beim Schätzen enthalten Formulierungen wie „ist ungefähr", „ist sicher größer als", „ist sicher kleiner als". Das Ergebnis wird also als Intervall oder obere/untere Grenze angegeben. Die Breite des Intervalls gibt dabei an, wie sicher man sich bei seiner Schätzung ist.

Schaut man sich den Messvorgang noch einmal genauer an, stellt man fest, dass die Übergänge zwischen Schätzen und Messen fließend sind. Im obigen Beispiel ist die Nutzung der Daumenbreite als Einheit zur Angabe von Längen kein äußeres Hilfsmittel im engeren Sinne, und die Zuverlässigkeit ist offensichtlich begrenzt. In diesem Sinne würde man vermutlich eher von „Schätzen" sprechen. Allerdings ist die Verwendung der persönlichen Daumenbreite (und nicht etwa einer allgemeinen „Fingerbreite") bereits ein Schritt hin zu einer gewissen Reproduzierbarkeit der ermittelten Maßzahl.

2.4 Auch Messwerte sind unsicher

Aber auch bei Messungen im engeren Sinne verhält es sich nicht viel anders: Misst man z. B. die Breite eines Blattes Papier mit Hilfe eines Lineals, ist es in den meisten Fällen so, dass die beiden Kanten des Blattes nicht genau auf die Teilstriche des Lineals fallen. Man kann zwar eine Kante des Blattes an einem Teilstrich des Lineals ausrichten. Am Ende kann man die Breite aber nur auf ungefähr einen Millimeter genau ablesen. Man weiß also nur mit Sicherheit, dass die Breite der Kante zwischen zwei Grenzen liegt. Auch bei noch feiner unterteilten Linealen tritt dieses Problem am Ende immer auf. Auch bei Geräten mit einer digitalen Anzeige verhält es sich nicht anders. Neben der beschränkten Genauigkeit der Messelektronik selbst ist schon allein durch die Zahl der angegebenen Ziffern auf dem Display die Genauigkeit beschränkt. Bei einer Angabe von 37,5 °C auf einem Fieberthermometer können alle Temperaturen von 37,45 °C bis 37,5499 ... °C mit gleicher Wahrscheinlichkeit gemessen worden sein.

2.5   Zusammenfassung und Fragen

2.5.1 Zusammenfassung

Eine Messung im physikalischen Sinne bedeutet den quantitativen Vergleich eines Merkmals eines physikalischen Objektes mit einer Einheit. Es wird ermittelt, wie oft die Einheit in dem Merkmal enthalten ist, dies nennt man den Zahlenwert. Der Messwert wird als Produkt aus dem Zahlenwert und der Einheit angegeben. Zu jedem Messwert gehört eine Unsicherheit.

Da die Vergleichbarkeit von Messwerten in Wissenschaft und Handel von großer Bedeutung ist, wurden schon früh Vereinbarungen getroffen, um dies international zu gewährleisten. Das erste genormte Einheitensystem, das die heute noch gebräuchlichen Einheiten Meter, Gramm und Sekunde enthielt, stammt aus dem Jahr 1790. Im modernen Internationalen Einheitensystem SI werden die sieben Basiseinheiten Sekunde, Meter, Kilogramm, Ampere, Kelvin, Mol und Candela durch Definition von sieben Konstanten festgelegt, wobei die meisten dieser Konstanten fundamentale Naturkonstanten sind. Das System kommt gänzlich ohne materielle Prototypen aus.

Eine im Alltag oft auftretende Variante des Messens ist das Schätzen. Dabei wird in der Regel auf Einheiten zurückgegriffen, die nicht international genormt und auch nicht unbedingt besonders gut reproduzierbar sind. Diese sind dafür aber auch ohne spezielle Messgeräte leicht verfügbar, wie z.B. die eigene Körpergröße.

2.5.2 Fragen

1. Wozu quantifiziert man physikalische Merkmale in der Experimentalphysik?
2. Wie kann es sein, dass für die Festlegung der SI-Einheiten Naturkonstanten definiert werden? Müssten diese nicht vielmehr experimentell bestimmt werden?
3. Können die Basiseinheiten des SI unabhängig voneinander bestimmt werden?
4. Worin unterscheiden sich Schätzung und Messung?

Messergebnisse 3

Inhaltsverzeichnis

3.1 Darstellung von Messergebnissen

Selbst die Ergebnisse der besten Messung sind also nur bis zu einem gewissen Grad bekannt oder anders ausgedrückt, sind ein Stück weit unsicher. Zu einer vollständigen Angabe eines Messergebnisses gehört also auch zwingend dessen Unsicherheit. Wie kann diese aber ermittelt werden?

3.1.1 Punkte auf der Zahlengeraden

Das Ergebnis einer Einzelmessung kann grafisch vereinfacht als Punkt auf einer Zahlengeraden dargestellt werden, indem man sich zunächst auf die Verwendung einer bestimmten Einheit festlegt und dann eine Markierung an die Stelle setzt, die dem ermittelten Zahlenwert am besten entspricht (Abb. 3.1).

© Springer-Verlag GmbH Deutschland, ein Teil von Springer Nature 2020   15
P. Möhrke und B.-U. Runge, *Arbeiten mit Messdaten*,
https://doi.org/10.1007/978-3-662-60660-5_3

Messwert

Abb. 3.1 Darstellung des Ergebnisses einer Einzelmessung als Punkt auf der Zahlengeraden

Dieser markierte Punkt auf der Zahlengerade gibt wichtige Informationen über die Einzelmessung. Diese ist aber in vielen Fällen nicht ausreichend, weder für die Naturwissenschaften noch für den Alltag. Zeigt das Außenthermometer z. B. eine Temperatur von $\vartheta = 0\,°C$, so hätte man vermutlich Bedenken, sich auf eine Wette einzulassen, ob der Boden draußen gefroren ist oder nicht. Und das, obwohl bekannt ist, dass der Gefrierpunkt von Wasser gerade bei $0\,°C$ liegt. In der Überlegung könnten folgende Argumente vorkommen:

- Das Thermometer misst nicht die Temperatur am Boden, sondern in der Luft.
- Die Skala des Thermometers könnte verschoben sein.
- Die Temperatur ist von Ort zu Ort verschieden, z. B. abhängig von der Lage zu Gebäuden.

Die grundlegende Frage, ob bei einer Messung tatsächlich die Größe gemessen wird, die eigentlich Gegenstand der Messung sein sollte (wie hier die Temperatur des Bodens) wird an dieser Stelle vorerst nicht weiter thematisiert. Diesem Punkt ist das Kap. 5 gewidmet.

Unbewusst wird der Zahlenwert 0 durch einen Wertebereich ergänzt, z. B. $[-1; +1]$, dessen Breite aus der Erfahrung bestimmt wird. Man ersetzt also letztlich einen Punkt durch ein Intervall auf der Zahlengeraden, weil dadurch der Sachverhalt umfassender wiedergegeben wird. Diese alltägliche Vorgehensweise ist bei naturwissenschaftlichen Messungen genauso sinnvoll. Eine vollständige Messung liefert also neben dem Zahlenwert auch das zugehörige Intervall. Um eine solche Angabe machen zu können, muss man sich ein Verfahren überlegen, wie das zugehörige Intervall festzulegen ist.

Eine sehr gute Möglichkeit, Informationen über das Intervall der Unsicherheit zu erhalten, ist das mehrfache Wiederholen der Messung unter möglichst identischen Bedingungen. Alle Messwerte werden auf die gleiche Weise dargestellt, indem weitere Punkte auf die Zahlengerade gesetzt werden (Abb. 3.2). Dabei muss jeweils die gleiche Einheit verwendet werden.

3.1.2 Intervall auf der Zahlengeraden

In der Regel werden die Markierungen für mehrfach wiederholte Einzelmessungen über ein Intervall auf der Zahlengeraden streuen (siehe Abb. 3.2). Fälle, in denen bei einer Wiederholung der Messung keine Streuung der Ergebnisse sichtbar ist, treten natürlich auch auf. Das bedeutet nicht, dass dieser Wert ohne jede Unsicherheit bestimmt werden kann. Dieser Fall wird später noch einmal separat betrachtet. Beispiele, bei denen eine Streuung sichtbar ist, sind aber sehr häufig. Misst man z. B. die Fallzeit einer Kugel für eine festgelegte Strecke mit einer Stoppuhr, kann man sich gut vorstellen, dass die abgelesenen Zeiten zu einem gewissen Grad streuen. Dieses Intervall vom kleinsten bis zum größten gemessenen Wert enthält bereits eine Vielzahl von Informationen über die durchgeführte Messung, die weit über die Angabe nur einer einzelnen Zahl hinausgehen. Dies ist eine erste einfache Art, um die Mehrfachmessung zusammenzufassen und auch die Unsicherheit bei der Angabe des Gesamtergebnisses mit auszudrücken (Abb. 3.3).

Die Breite des Intervalls kann dabei von sehr vielen Faktoren abhängen. Es ist nicht unbedingt immer sinnvoll, das Intervall so festzulegen, dass wirklich *alle* erhaltenen Messwerte in ihm enthalten sind. So würde z. B. schon ein einziger sehr weit außen liegender Datenpunkt das Intervall stark vergrößern, und es würde nicht mehr unbedingt die typische Breite der Streuung beschreiben. An dieser Stelle ist eine detailliertere Betrachtung notwendig.

Einige Informationen, wie z. B. ob Ergebnisse häufiger in einem bestimmten Teilintervall auftreten als in anderen, gehen aber bei der Darstellung als ein einziges Intervall ebenfalls verloren. Um diese Informationen auch zu erhalten, braucht es also noch eine andere Darstellung.

Abb. 3.2 Darstellung der Ergebnisse mehrerer Einzelmessungen als Punkte auf der Zahlengerade

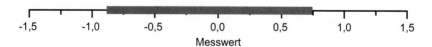

Abb. 3.3 Intervall auf der Zahlengeraden

3.1.3 Histogramm

Diese detailliertere Darstellung ist mit Hilfe eines sogenannten Histogramms möglich. Dabei wird die Zahlengerade in kleinere Intervalle (sogenannte Klassen) eingeteilt. Für jede dieser Klassen wird die zugehörige Anzahl der Einzelmessungen ermittelt, deren Zahlenwerte in die entsprechende Klasse fallen. Anschließend wird diese Häufigkeit grafisch als senkrechte Balken dargestellt. Abb. 3.4 zeigt ein Beispiel.

Das Histogramm zeigt also die Häufigkeitsverteilung der Zahlenwerte der Einzelmessungen auf der Zahlengerade. Diese Verteilung enthält alle Informationen über die erhaltenen Messergebnisse und ist die Basis für alle weiteren Überlegungen.

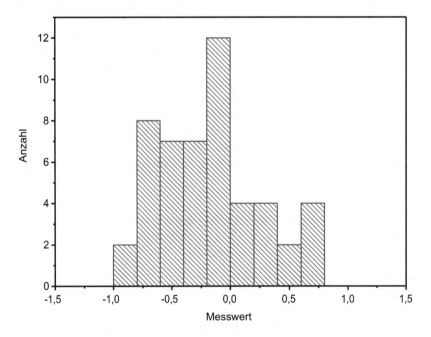

Abb. 3.4 Beispiel für ein Histogramm

3.1.4 Exkurs: Bernoulli-Experiment und Binomialverteilung

Verteilungsfunktionen treten auch in anderen Zusammenhängen auf, wie z. B. die Binomialverteilung in der Wahrscheinlichkeitsrechnung. Ein Zufallsexperiment mit nur zwei möglichen Ausgängen heißt Bernoulli-Experiment. Ein Beispiel ist das Werfen einer (idealen) Münze. Führt man solch ein Experiment mehrfach hintereinander aus, so spricht man von einem mehrstufigen Zufallsexperiment, z. B. das fünfmalige Werfen einer Münze.

Betrachtet man ein solches Zufallsexperiment mit n Schritten, wobei es in jedem Schritt nur zwei mögliche Ausgänge („Erfolg", „kein Erfolg") gibt und die Wahrscheinlichkeit für das Auftreten eines „Erfolgs" in jedem Einzelschritt p (von engl. *probability*) beträgt ($0 \leq p \leq 1$), dann ist die Gesamtwahrscheinlichkeit P für das Auftreten von k Erfolgen bei n Versuchen gegeben durch die sogenannte Binomialverteilung, die in Abb. 3.5 für $n = 20$ gezeigt ist:

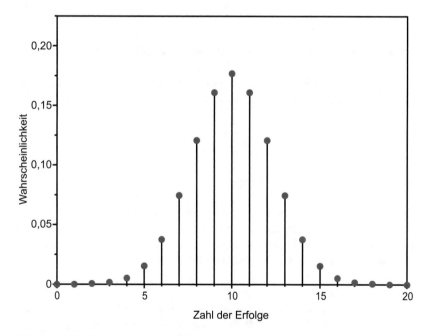

Abb. 3.5 Beispiel der Binomialverteilung für $p = 0{,}5$ und $n = 20$

$$P(k \text{ Erfolge bei } n \text{ Versuchen}) = B_{n,p}(k) = \frac{n!}{k!(n-k)!} p^k (1-p)^{n-k} \quad (3.1)$$

$$= \binom{n}{k} p^k (1-p)^{n-k} \quad (3.2)$$

mit

$n = $ Zahl der Versuche bzw. Schritte,

$k = $ Zahl der Erfolge,

$p = $ Erfolgswahrscheinlichkeit

bei einem einzelnen Schritt.

Dabei steht $n!$ für die sogenannte Fakultät

$$n! := \prod_{i=1}^{n} i = 1 \cdot 2 \cdot 3 \cdot \ldots \cdot n \quad (3.3)$$

der natürlichen Zahl n, $\binom{n}{k}$ für den sogenannten Binomialkoeffizienten (Sprechweise deutsch: „n über k", Sprechweise engl.: „n choose k").

Der Erwartungswert der Erfolge (das heißt die mittlere Anzahl der Erfolge nach vielen Reihen von jeweils n Versuchen) ist

$$\bar{k} = n \cdot p. \quad (3.4)$$

3.1.5 Quellen der Streuung

Warum kommt es bei der mehrfachen Wiederholung einer Messung aber überhaupt zu einer Streuung der Ergebnisse? Die Möglichkeiten sind vielfältig, folgenden Kategorien können allerdings viele der möglichen Einflussfaktoren zugeordnet werden, auch wenn diese Aufzählung nicht erschöpfend ist:

Umwelteinflüsse

Im Rahmen einer jeden Messung existieren Größen, die nicht gemessen werden, jedoch trotzdem das Messergebnis beeinflussen. Da in der Praxis nicht sämtliche dieser Einflussgrößen vollständig konstant gehalten werden können, kommt es bei wiederholten Beobachtungen einer Messgröße zu Schwankungen. Die mit den Einflussgrößen verbundenen Effekte können sowohl systematisch als auch zufällig sein.

Mögliche Umwelteinflüsse, die eine Auswirkung auf den Ausgang der Messungen haben können, sind u. a. Temperatur, Luftdruck, elektromagnetische Felder, Schmutz oder andere zufällige Ereignisse. So hängt z. B. die Schwingungsdauer eines Pendels vom Luftdruck ab, da dieser über den Auftrieb der Gewichtskraft entgegenwirkt.

Unvollkommenheit der Messgeräte
Auch die verwendeten Messgeräte selbst können in vielen Fällen einen Einfluss auf das Ergebnis der Messung haben. So kann z. B. bei elektronischen Messgeräten die angezeigte Größe schwanken, während sich das Eingangssignal selbst gar nicht ändert.

Mensch
Letztlich kann auch die messende Person selbst zur Schwankung der untersuchten Messgröße beitragen. Zum Beispiel können die gewählte Vorgehensweise, die Handhabung des Messgerätes oder das Ablesen des Messgerätes zu Variationen im Ergebnis führen.

3.2 Kenngrößen der Messreihe

Das Histogramm enthält die gesamte Information über die Verteilung der gemessenen Werte und ist perfekt geeignet, das Ergebnis einer wiederholten Messung (einer „Messreihe") wiederzugeben. Allerdings ist es relativ unpraktisch, als Ergebnis immer gleich ein ganzes Diagramm darstellen zu müssen. Handlicher ist es, eine begrenzte Anzahl geeigneter Kenngrößen aus einem Histogramm abzuleiten, die die wesentlichen Informationen beinhalten. Mindestens erforderlich sind dazu der „typische Wert" der Verteilung und dessen „typische Unsicherheit".

3.2.1 Mittelwert

Der „typische" (und somit in gewisser Weise zur Charakterisierung beste) Wert einer Verteilung von Messwerten x_i wird in der Regel durch den arithmetischen Mittelwert berechnet:

$$\overline{x} := \frac{x_1 + x_2 + x_3 + \ldots + x_n}{n}$$

$$= \frac{1}{n} \sum_{i=1}^{n} x_i \tag{3.5}$$

Es werden also alle Messwerte x_i addiert und dann durch die Anzahl n der Messwerte geteilt. Im Grenzwert für unendlich viele Messwerte liefert dieses Verfahren den sogenannten Erwartungswert. Für eine endliche Zahl von Messwerten ist der Erwartungswert aber nicht bekannt und kann nur geschätzt werden. Der Mittelwert ist der „beste" Schätzwert hierfür.

3.2.2 Standardabweichung der Stichprobe

Die Vorgehensweise zur Bestimmung der Unsicherheit bei der Angabe dieses „typischen" Werts ist etwas weniger offensichtlich. In einem ersten Schritt berechnet man ein Maß für die Breite der Verteilung, indem man die Abweichung aller Einzelmessungen vom Mittelwert „quadratisch mittelt". Man definiert

$$\sigma_x := \sqrt{\frac{(x_1 - \overline{x})^2 + (x_2 - \overline{x})^2 + (x_3 - \overline{x})^2 + \ldots + (x_n - \overline{x})^2}{n-1}}$$

$$= \sqrt{\frac{1}{(n-1)} \sum_{i=1}^{n} (x_i - \overline{x})^2} \tag{3.6}$$

als die sogenannte empirische Standardabweichung der Stichprobe. Durch das Quadrieren der Abweichungen vor dem Aufsummieren ist der Wert der Standardabweichung immer positiv und wird größer, je stärker die einzelnen Messwerte vom Mittelwert abweichen. Die empirische Standardabweichung ist also ein Maß für die Größe der Streuung der einzelnen Messwerte. Dies ist so aber noch kein Maß für die Unsicherheit der Mittelwerts, weshalb ein weiterer Schritt nötig ist.

Warum hier im Nenner statt n der Ausdruck $(n-1)$ steht, wird in Kap. 6 noch einmal thematisiert.

3.2.3 Standardabweichung des Mittelwerts

In einem zweiten Schritt berechnet man aus dieser empirischen Standardabweichung der Stichprobe σ_x die sogenannte empirische Standardabweichung des Mittelwerts

$$\sigma_{\bar{x}} := \frac{\sigma_x}{\sqrt{n}}. \tag{3.7}$$

Dieser Wert ist bei einer ausreichend großen Zahl (als Faustregel mindestens zehn Messungen) von Messwerten ein gutes Maß für die Unsicherheit der Lage des Mittelwerts und wird als sogenannte Standardunsicherheit $u(x)$ verwendet. Für kleine Messreihen ist die Standardunsicherheit des Mittelwerts kein ideales Maß für die Unsicherheit, weil dieser Wert aus sehr wenigen Messwerten nicht zuverlässig bestimmt werden kann. Hier bietet es sich an, eher eine Schätzung vorzunehmen, wie sie in Abschn. 3.5 beschrieben wird.

Bei der Angabe einer Unsicherheit des Mittelwerts geht es weniger darum, dass die Berechnung des Mittelwerts in irgendeiner Weise unsicher wäre. Vielmehr wird angegeben, wie stark die Mittelwerte aus verschiedenen Messreihen mit jeweils n Messwerten streuen oder anders ausgedrückt, wie groß die Unsicherheit ist, den Grenzwert $\lim\limits_{n\to\infty} \bar{x}$ des Mittelwerts aus der verfügbaren Zahl n von Messwerten zu berechnen. Diese Streuung der Mittelwerte verschiedener Messreihen ist in Abb. 3.6 am Beispiel von zehn Messreihen mit jeweils 20 Einzelmessungen gezeigt.

Die Begriffe „Standardabweichung des Mittelwerts" und „Standardunsicherheit" sind nicht ganz bedeutungsgleich. Die Bezeichnung „Standardunsicherheit" wird auch in Fällen verwendet, in denen die Festlegung auf eine andere Art und Weise durchgeführt wird. Dies wird in Kap. 5 näher behandelt.

Eine Definition der Begriffe „empirische Standardabweichung", „empirische Standardabweichung des Mittelwerts" und „Standardunsicherheit" findet sich z. B. in (DIN V ENV 13005 1999, S. 15 ff.). Die Verwendung der Begriffe ist in der Literatur leider nicht einheitlich. Manchmal wird der Zusatz „empirisch", manchmal der Zusatz „der Stichprobe" weggelassen oder durch den Zusatz „der Messreihe" ersetzt. In der Statistik findet sich auch der Begriff des Standardfehlers für $\sigma_{\bar{x}}$. In diesem Buch werden durchgängig die oben eingeführten Begriffe verwendet.

An Stelle eines Histogramms beschränkt man sich meist auf die Angabe von

$$x := \bar{x} \quad \text{und} \tag{3.8}$$

$$u(x) := \sigma_{\bar{x}} \quad (nicht\ \sigma_x), \tag{3.9}$$

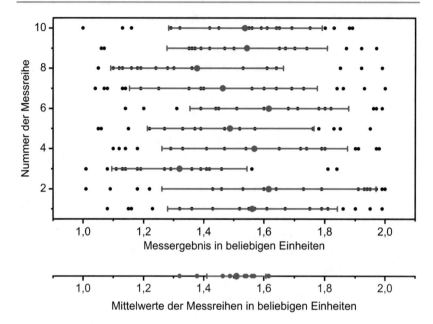

Abb. 3.6 Darstellung von zehn Messreihen mit jeweils 20 Datenpunkten am selben Experiment. Die Mittelwerte sowie die Standardabweichung der Stichprobe σ_x der einzelnen Messreihen sind jeweils blau dargestellt. Unten sind noch einmal die Mittelwerte der Messreihen zusammen mit deren Mittelwert und Standardabweichung (jeweils rot) gezeigt. Letztere ist wesentlich kleiner als die Standardabweichung der einzelnen Messreihen

die dann gemeinsam als das Endergebnis der Messreihe betrachtet werden. Ein Histogramm zusammen mit x und $u(x)$ ist in Abb. 3.7 gezeigt. Teilweise werden zusätzlich auch noch n und/oder σ_x angegeben. Unweigerlich geht bei diesem Zusammenfassen der Daten Information verloren. Das Ergebnis ist dafür aber viel „handlicher". Es handelt sich also um einen typischen Kompromiss. Man kann die Vorgehensweise als verlustbehaftete Datenkompression betrachten, wie beim Erstellen von mp3-Dateien für Musik oder jpg-Dateien für Bilder. Diese beinhalten auch nicht alle Details, sind dafür aber wesentlich platzsparender als „Rohdaten" und geben trotzdem noch die wichtigsten Eigenschaften wieder.

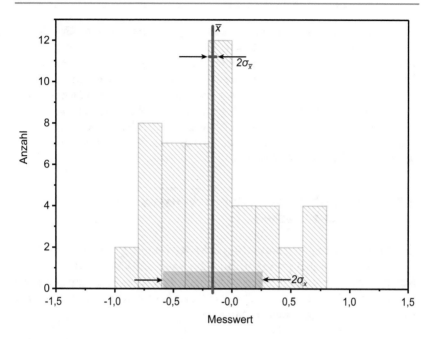

Abb. 3.7 Darstellung des Histogramms zusammen mit den Kennwerten der Verteilung

3.2.4 Vorteil der Mehrfachmessung

Neben der Möglichkeit, ein Maß für die Unsicherheit zu finden, zeigt sich an Gl. (3.7) zur Berechung der Unsicherheit des Mittelwerts ein weiterer wichtiger Aspekt der Mehrfachmessung: Die Unsicherheit $\sigma_{\bar{x}}$ des Mittelwerts wird kleiner, wenn die Zahl n der Einzelmessungen ansteigt. Dies ist ein wesentliches Argument für die übliche Vorgehensweise, Messungen nicht nur einmal, sondern wiederholt durchzuführen. Darüber hinaus ist durch wiederholte Messung eine immer detailliertere Aussage über die Verteilung der Messwerte möglich. Bei wenigen Messungen hingegen sind Eigenschaften wie Breite und Form der zugrunde liegenden Verteilung nur schwer zu erkennen, da nicht klar unterschieden werden kann, ob bestimmte Werte aufgrund der Verteilung häufig aufgetreten sind oder ob sie einfach per Zufall gerade am Anfang häufig aufgetreten sind. Zum Beispiel würde man, wenn man beim Würfeln am Anfang vier „Sechser" hintereinander hatte, nicht unbedingt davon ausgehen, dass die Zahlen gleichverteilt sind, also gleich häufig auftreten.

Folgt man der oben dargestellten Überlegung zur Veränderung der Unsicherheit des Mittelwertes mit steigender Zahl der Messungen, könnte man auf die Idee kommen, dass die Unsicherheit bei einer ausreichenden Zahl von Messwerten beliebig klein wird. Aufgrund von z. B. der begrenzten Auflösung des verwendeten Messgeräts trifft dies (leider) nicht zu. Man kann also mit einer einfachen Stoppuhr unabhängig von der Menge der Messungen nie Unsicherheiten im Bereich von Nanosekunden erreichen. Wie die Einflüsse z. B. des Auflösungsvermögens in die Unsicherheit des Ergebnisses eingehen und wie das mathematisch formuliert werden kann, wird in Kap. 5 thematisiert.

3.3 Anwendung: Ermittlung von Bestwert und Messunsicherheit

Zusammenfassend ergibt sich damit folgendes Verfahren: Angenommen, eine Größe wurde insgesamt n-mal gemessen und dabei wurden die Messwerte $x_1, \ldots, x_n$ erzeugt. Unter der Annahme, dass alle dabei auftretenden Abweichungen zufälliger Natur sind, soll nun ein „Endergebnis" berechnet werden. Man kann dazu in vielen Fällen folgendes Verfahren anwenden:

1. Bestimmung des besten Werts für x durch Berechnung des arithmetischen Mittelwerts $\bar{x}$ nach

$$x := \bar{x} := \frac{1}{n} \sum_{i=1}^{n} x_i. \tag{3.10}$$

2. Bestimmung des besten Werts σ_x für die Breite der Verteilung durch Berechnung der empirischen Standardabweichung der Stichprobe nach

$$\sigma_x := \sqrt{\frac{1}{(n-1)} \sum_{i=1}^{n} (x_i - \bar{x})^2}. \tag{3.11}$$

3. Berechnung der Standardunsicherheit $u(x)$ als Standardabweichung des Mittelwerts $\sigma_{\bar{x}}$ nach

$$u(x) := \sigma_{\bar{x}} := \frac{\sigma_x}{\sqrt{n}}. \tag{3.12}$$

4. Die Notation von Ergebnissen (z. B. Schreibweisen und die Zahl der anzuge-
benden Stellen) wird in Kap. 4 behandelt.

Beispiel

In einem Experiment wird ein Objekt aus der immer gleichen Höhe fallen gelas-
sen und dann etwas weiter unten seine Geschwindigkeit v gemessen. Diese Messung wird zehnmal durchgeführt. Die Ergebnisse dieser Messungen sind in Tab.
3.1 dargestellt.

Der Darstellung oben folgend berechnet man für diese Messreihe die folgenden Kennzahlen:

1. Mittelwert $\overline{v}$ als bester Wert für die Geschwindigkeit v des Objekts:

$$v = \overline{v} = \frac{1}{10} \sum_{i=1}^{10} v_i \tag{3.13}$$

$$= \frac{1}{10} \left(5{,}74 \frac{m}{s} + 5{,}84 \frac{m}{s} + 6{,}32 \frac{m}{s} + 6{,}16 \frac{m}{s} + 6{,}31 \frac{m}{s} + \ldots \right) \tag{3.14}$$

$$= 6{,}11 \frac{m}{s} \tag{3.15}$$

2. Standardabweichung σ_v als besten Wert für die Breite der Verteilung:

$$\sigma_v = \sqrt{\frac{1}{(10-1)} \sum_{i=1}^{10} (v_i - \overline{v})^2} \tag{3.16}$$

$$= \sqrt{\frac{1}{9} \left(\left(5{,}74 \frac{m}{s} - 6{,}11 \frac{m}{s} \right)^2 + \left(5{,}84 \frac{m}{s} - 6{,}11 \frac{m}{s} \right)^2 + \ldots \right)} \tag{3.17}$$

$$= \sqrt{\frac{1}{9} \left(0{,}137 \frac{m^2}{s^2} + 0{,}073 \frac{m^2}{s^2} + 0{,}044 \frac{m^2}{s^2} + 0{,}003 \frac{m^2}{s^2} + \ldots \right)} \tag{3.18}$$

$$= 0{,}274 \frac{m}{s} \tag{3.19}$$

Tab. 3.1 Ergebnisse von zehn Messungen einer Geschwindigkeit v

i	1	2	3	4	5	6	7	8	9	10
v in $\frac{m}{s}$	5,74	5,84	6,32	6,16	6,31	5,83	5,98	6,32	6,59	6,01

3. Standardunsicherheit $u(v)$ als Standardabweichung des Mittelwerts $\sigma_{\overline{v}}$:

$$u(v) = \sigma_{\overline{v}} = \frac{\sigma_v}{\sqrt{10}} \tag{3.20}$$

$$= \frac{0,274\frac{m}{s}}{3,16} \tag{3.21}$$

$$= 0,0867\frac{m}{s}. \tag{3.22}$$

3.4   Vom Histogramm zur Verteilung

Betrachtet man Histogramme mit immer mehr Einzelmessungen und einer Unterteilung der Daten in immer mehr Klassen, so erhält man immer glattere Darstellungen. Im Grenzfall unendlich vieler Einzelmessungen ergibt sich eine stetige (nicht nur an diskreten Stellen definierte) Funktion. Wenn man weiter diese Funktion so normiert, dass die Fläche unter der Kurve den Wert 1 hat, spricht man von einer *Wahrscheinlichkeitsdichtefunktion* (oft abgekürzt mit pdf von engl. *probability density function*). Was versteht man darunter?

Der Begriff der Dichte wird in unterschiedlichen Zusammenhängen mit unterschiedlichen Bedeutungen verwendet. So spricht man z. B. von der (Massen-)Dichte einer Flüssigkeit (Einheit $1\frac{kg}{m^3}$) oder der Bevölkerungsdichte (Einheit $1\frac{\text{Einwohner}}{km^2}$). In der Physik kennt man auch die Oberflächenladungsdichte (Einheit $1\frac{C}{m^2}$) und die lineare Ladungsdichte eines Drahtes (Einheit $1\frac{C}{m}$). Bei einer Gitarrensaite kann es durchaus sinnvoll sein, eine lineare Massendichte (Einheit $1\frac{kg}{m}$) anzugeben. All diesen Größen ist gemeinsam, dass sie beschreiben, wie „eng" etwas in ein Volumen, auf eine Fläche oder auch auf eine Linie gepackt ist. Mathematisch handelt es sich jeweils um ein Verhältnis aus zwei verschiedenen Größen. Die Wahrscheinlichkeitsdichte gibt an, wie die Werte einer Messung verteilt sind. Anders ausgedrückt stellt sie eine Verteilung der Wahrscheinlichkeit über verschiedene Möglichkeiten des Ergebnisses dar.

Die Wahrscheinlichkeit P selbst, einen Wert in einem Intervall $[x_1; x_2]$ zu messen, ist dann:

$$P(x_1 < x < x_2) = \int_{x_1}^{x_2} \text{pdf}(x') \, dx' \qquad (3.23)$$

mit $\text{pdf}(x')$ als der Wahrscheinlichkeitsdichtefunktion an der Stelle x'.

Des Weiteren wird die Wahrscheinlichkeitsdichtefunktion so normiert, dass die Gesamtwahrscheinlichkeit über alle möglichen Messwerte gleich eins ist. Das Integral über alle möglichen Messergebnisse ist also:

$$P(-\infty < x < \infty) = \int_{-\infty}^{\infty} \text{pdf}(x') \, dx' = 1 \quad \text{(Normierung)} \qquad (3.24)$$

Beim Übergang von diskreten Messwerten x_i zur stetigen Wahrscheinlichkeitsdichtefunktion $\text{pdf}(x)$ müssen diese Größen angepasst werden. Auch spricht man nicht mehr vom Mittelwert, sondern vom Erwartungswert μ. Dies ist der Mittelwert, den man für unendlich viele durchgeführte Messungen erwartet. Hierfür findet man analog zum Mittelwert:

$$\text{Erwartungswert} \quad \mu = \bar{x} = \int_{-\infty}^{\infty} x' \cdot \text{pdf}(x') \, dx' \qquad (3.25)$$

Die Lage des Erwartungswerts ist im Falle einer vollständig bekannten Wahrscheinlichkeitsdichtefunktion natürlich ebenfalls exakt bekannt.

3.4.1 Gauß-Verteilung

Die besondere Bedeutung der Gauß-Verteilung (Abb. 3.8) (auch Standard- oder Normalverteilung genannt) für die Praxis ergibt sich im Wesentlichen aus folgenden Aussagen:

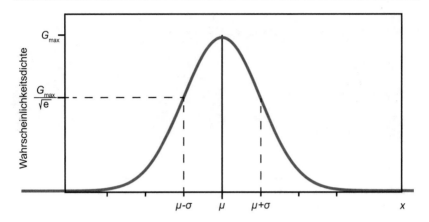

Abb. 3.8 Die Gauß-Verteilung

- Unter der Voraussetzung, dass *viele kleine unabhängige zufällige* Unsicherheiten das Messergebnis beeinflussen, ergibt sich näherungsweise eine Gauß-Verteilung der Messwerte. Diese Aussage entspricht den „Zentralen Grenzwertsätzen", die genau genommen besser „Sätze über die zentralen Grenzwerte" heißen müssten. Nicht die Sätze sind nämlich zentral, sondern die Grenzwerte, von denen sie handeln. Diese mathematischen Sätze besagen recht allgemein, dass unter gewissen Voraussetzungen – die in realen Experimenten in der Regel als erfüllt gelten können – die Summe vieler unabhängiger Zufallsvariablen auch dann näherungsweise einer Normalverteilung folgt, wenn die einzelnen Zufallsvariablen selbst anderen Verteilungen folgen.
- Die Binomialverteilung $b_{n,p}(\nu)$ (siehe Abschn. 3.1.4) kann für festes p und große n sehr gut durch eine Gauß-Verteilung $G_{X,\sigma}(x)$ mit demselben Mittelwert $X = np$ und derselben Breite $\sigma = \sqrt{np(1-p)}$ angenähert werden.

Die Gauß-Verteilung (Mathematisch exakt handelt es sich bei G um die Wahrscheinlichkeitsdichte der Gauß-Verteilung. Zumindest in der Physik hat es sich aber eingebürgert, G selbst etwas verkürzt als Gauß-Verteilung zu bezeichnen.) ist gegeben durch

$$G_{\mu,\sigma}(x) = \frac{1}{\sqrt{2\pi\sigma^2}} \cdot e^{\frac{-(x-\mu)^2}{2\sigma^2}}, \tag{3.26}$$

wobei

μ = Zentralwert der Verteilung,
σ = Standardabweichung der Verteilung
= „Breite der Verteilung".

Der Zentralwert einer Normalverteilung ist gleichzeitig ihr Erwartungswert. Die Wahrscheinlichkeit, dass ein Messwert x höchstens t Standardabweichungen σ vom Zentralwert μ entfernt liegt, das heißt, dass gilt

$$(\mu - t\sigma) \leq x \leq (\mu + t\sigma) \quad , \tag{3.27}$$

ist

$$P(\text{innerhalb } t\sigma) = \int\limits_{\mu-t\sigma}^{\mu+t\sigma} G_{\mu,\sigma}(x)\mathrm{d}x \tag{3.28}$$

$$= \frac{1}{\sqrt{2\pi}} \cdot \int\limits_{-t}^{t} e^{-\frac{z^2}{2}}\mathrm{d}z. \tag{3.29}$$

Insbesondere ist

$$P(\text{innerhalb } 1\sigma) \approx 68{,}27\,\%,$$
$$P(\text{innerhalb } 2\sigma) \approx 95{,}45\,\%,$$
$$P(\text{innerhalb } 3\sigma) \approx 99{,}73\,\%.$$

Auch wenn σ üblicherweise als „die Breite" der Gauß-Verteilung bezeichnet wird, bedeutet das also offensichtlich nicht, dass *alle* Messwerte innerhalb dieser Breite zu finden sind. Selbst wenn man ein doppelt oder dreimal so großes Intervall betrachtet, erreicht man durch den exponentiellen Ausdruck in Gl. (3.26) nie 100 %.

Der oft als „Fehlerintegral" bezeichnete Ausdruck in Gl. (3.28) lässt sich in vielen Programmiersprachen am einfachsten auf dem Umweg über die sogenannte „Fehlerfunktion" erf(t) (Schreibweise abgeleitet von engl. *error function*)

$$\text{erf}(t) := \frac{2}{\sqrt{\pi}} \int_0^t e^{-x^2} dx \qquad (3.30)$$

mittels

$$P(\text{innerhalb } t\sigma) = \text{erf}\left(\frac{t}{\sqrt{2}}\right) \qquad (3.31)$$

berechnen. Leider werden in diesem Zusammenhang die Begriffe manchmal nicht ganz eindeutig definiert und verwendet. Insbesondere wurden sowohl der Ausdruck „Fehlerfunktion" als auch die Schreibweise erf(t) von verschiedenen Autoren in der Vergangenheit unterschiedlich verwendet. Dies ist historisch begründet. Die Namensgebung geht zurück auf J. W. L. Glaisher, der als Erster diese Bezeichnung für eine derartige Funktion verwendete (allerdings damals noch mit der Schreibweise Erf(x) und mit einer etwas anderen Definition) (Glaisher 1871a, b). Inzwischen ist die Funktion aber international genormt (siehe z. B. DIN EN ISO 80000-2 2016).

An den Stellen $\mu \pm \sigma$ liegen die Wendepunkte der glockenförmigen Gauß-Kurve (siehe Abb. 3.8). Der Funktionswert beträgt an diesen Stellen jeweils $\frac{1}{\sigma\sqrt{2\pi e}}$, unterscheidet sich also um den Faktor $\frac{1}{\sqrt{e}}$ vom Maximalwert $\frac{1}{\sigma\sqrt{2\pi}}$ an der Stelle μ.

Ein anderes gebräuchliches Maß für die Breite ist die sogenannte Halbwertsbreite, die die Breite der Kurve zwischen den Stellen halben Maximalwerts bezeichnet und die meist als FWHM (engl. *Full Width at Half Maximum*) abgekürzt wird. Manchmal findet man auch HWHM $= \frac{1}{2} \cdot$ FWHM (engl. *Half Width at Half Maximum*). Diese ist nur leicht größer als die Standardabweichung der Verteilung. Es gilt:

$$\text{FWHM} = 2\sigma \sqrt{2 \cdot \ln 2} \approx 2{,}35 \cdot \sigma \qquad (3.32)$$

$$\text{HWHM} = \sigma \sqrt{2 \cdot \ln 2} \approx 1{,}18 \cdot \sigma \approx \sigma \quad (\text{grobe Näherung!}) \qquad (3.33)$$

Tab. 3.2 t-Faktoren für unterschiedliche Zahl $(n - 1)$ von Freiheitsgraden und eine Wahrscheinlichkeit von 68,3%

$(n - 1)$	1	2	3	4	5	10	20	50	100
t	1,84	1,32	1,20	1,14	1,11	1,05	1,03	1,01	1,005

3.4.2 Kleine Messreihen

Wenn die Zahl der Wiederholungen bei einer Messreihe nicht sehr groß ist, kann man nicht mehr davon ausgehen, dass die Annahme einer Gauß-Verteilung gerechtfertigt ist, sondern es muss mit der sogenannten Student'schen t-Verteilung gerechnet werden. Der Wert der Standardunsicherheit wird zwar trotzdem weiterhin über $\sigma_{\overline{x}}$ berechnet, aber im Intervall $[\overline{x} - \sigma_{\overline{x}}; \overline{x} + \sigma_{\overline{x}}]$ liegen dann nicht mehr 68,3% der Werte. Will man dennoch ein Intervall mit dieser Überdeckung angeben, so muss die Standardunsicherheit mit einem Korrekturfaktor, dem t-Faktor, multipliziert werden, der von der Zahl der Messwerte abhängt. Man gibt dann das symmetrische Intervall

$$[\overline{x} - t \cdot \sigma_{\overline{x}}; \overline{x} + t \cdot \sigma_{\overline{x}}]$$

an, das wieder 68,3% der Werte enthält. Ohne Beweis sind in Tab. 3.2 einige Werte des Korrekturfaktors t für eine unterschiedliche Zahl n von Messwerten angegeben. Man gibt dabei nicht die Zahl der Messwerte selbst an, sondern die sogenannte Zahl der Freiheitsgrade, die in diesem einfachen Fall $(n - 1)$ beträgt. Für eine große Zahl von Messwerten gilt $t \approx 1$. Weitere Details zu diesem Thema finden sich auch noch in Abschn. 6.2.5 und in Lira (2002).

3.5 Verteilungen schätzen

Teilweise ist eine experimentelle statistische Bestimmung der Unsicherheit nicht möglich. Das kann z.B. daran liegen, dass zu wenige Messwerte verfügbar sind, um eine statistische Betrachtung vorzunehmen, oder dass die Schwankung der Messwerte unterhalb der Auflösung des verwendeten Messgerätes liegt. Dieser Fall kann recht schnell beim Ablesen eines Multimeters in einem Stromkreis oder beim Ablesen einer Länge mit Hilfe eines Lineals auftreten. In beiden Fällen ist wahrscheinlich

keine Schwankung sichtbar, und eine genauere Ablesung des Messwertes ist mithilfe des Messinstruments nicht möglich. Um solche Messergebnisse in der gleichen
Weise behandeln zu können wie aus Messreihen bestimmte Ergebnisse, wird die Verteilung hier unter Zuhilfenahme aller verfügbaren Informationen geschätzt. Dafür
kommen in den meisten Fällen drei Verteilungen zum Einsatz, die im Folgenden
vorgestellt werden.

Was gibt man aber als Wert und Standardunsicherheit an, wenn man nur einen einzelnen Messwert x_1 hat und die Wahrscheinlichkeitsdichteverteilung pdf geschätzt
wurde?

Beim Wert bleibt nichts anderes übrig, als den einzigen Messwert zu verwenden.
Als Standardunsicherheit wird die Standardabweichung der Wahrscheinlichkeitsdichteverteilung selbst verwendet:

$$\text{Wert} \quad x = x_1 \tag{3.34}$$

$$\text{Standardunsicherheit} \quad u(x) = \sqrt{\int (x' - x_1)^2 \cdot \text{pdf}(x')\, dx'}. \tag{3.35}$$

3.5.1 Rechteckverteilung – Ablesen einer digitalen Anzeige

Liegt über die Genauigkeit einer gemessene Größe nur die Information vor, dass
deren Wert garantiert in einem gewissen Intervall liegt, so wird für die Verteilung
dieser Größe die Annahme gemacht, dass diese für alle Werte innerhalb dieses
Intervalls gleich groß ist. Beispiele dafür sind Messinstrumente, bei denen nur die
maximale Abweichung zwischen angezeigtem und zu messendem Wert angegeben
ist, oder ganz einfach das Ablesen einer digitalen Anzeige. Auch kann dieser Ansatz
für eine konservative Abschätzung der Unsicherheit sehr kleiner Messreihen verwendet werden. Dafür wird eine Rechteckverteilung über das volle Intervall der
erhaltenen Werte angenommen.

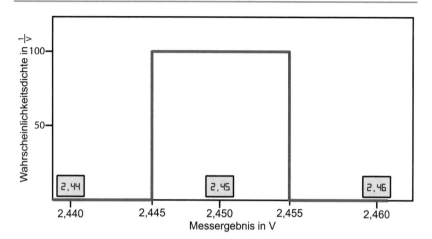

Abb. 3.9 Wahrscheinlichkeitsdichtefunktion einer digitalen Anzeige mit zwei Nachkommastellen, auf welcher der Wert 2,45 V angezeigt wird

Beim Ablesen einer digitalen Anzeige, die nicht schwankt, ist das Ablesen selbst mit keiner Unsicherheit verbunden. Trotzdem ist das Ergebnis nur zu einem gewissen Grad bekannt. Wird z. B. 2,45 V auf einer Anzeige mit $b = 0,01$ V großen Schritten angezeigt, kann die Anzeige für alle Werte in einem Bereich von 0,01 V Breite liegen. Je nach Art der Schaltung würde z. B. für alle Spannungen von 2,445 V bis 2,454999... V der Wert 2,45 V angezeigt. Jeder der Werte ist dabei mit gleicher Wahrscheinlichkeit der Wert, der vom Messgerät ermittelt wurde. Daher nimmt man eine Verteilung an, die allen Werten in einem symmetrischen Intervall der Breite 0,01 V um den angezeigten Wert die gleiche Wahrscheinlichkeitsdichte zuweist und sonst überall null ist – eine Gleich- oder auch Rechteckverteilung. Da auch diese Verteilung normiert sein muss, wählt man für ihre Höhe bei einer Schrittweite der Anzeige von b den Wert $\frac{1}{b}$. Die Verteilung ist:

$$\text{pdf}_{\text{Rechteck}}(x) = \begin{cases} \frac{1}{b} \ \text{für} \ \left(\mu - \frac{b}{2}\right) \leq x \leq \left(\mu + \frac{b}{2}\right) \\ 0 \ \text{sonst} \end{cases} \tag{3.36}$$

Für diesen speziellen Fall ist also die Höhe der Rechteckverteilung $\frac{1}{0,01\,\text{V}} = 100\,\frac{1}{\text{V}}$ (siehe auch Abb. 3.9). Daraus folgt für die Unsicherheit der Ablesung einer digitalen Anzeige mit Auflösung b (vgl. 3.35):

$$u_{\text{Rechteck}} = \sqrt{\int\limits_{\mu-\frac{b}{2}}^{\mu+\frac{b}{2}} (x - \mu)^2 \cdot \frac{1}{b}\,dx}$$

$$= \sqrt{\frac{1}{b} \int\limits_{-\frac{b}{2}}^{+\frac{b}{2}} x^2\,dx}$$

$$= \sqrt{\frac{1}{b} \left[\frac{1}{3} x^3\right]_{-\frac{b}{2}}^{+\frac{b}{2}}}$$

$$= \sqrt{\frac{1}{b}\frac{1}{3}\frac{b^3}{4}}$$

$$= \frac{b}{2\sqrt{3}}. \tag{3.37}$$

3.5.2 Dreiecksverteilung – Ablesen einer analogen Anzeige

Kann man neben der Annahme, dass der Messwert einer Größe garantiert in einem angegebenen Intervall liegt, zusätzlich die Annahme machen, dass der Messwert mit größerer Wahrscheinlichkeit in der Mitte dieses Intervalls liegt, so ist der Rechteckverteilung eine sogenannte Dreiecksverteilung vorzuziehen, die ein klares Maximum der Wahrscheinlichkeitsdichte zeigt.

Liest man eine analoge Anzeige wie z. B. auf einem Lineal oder bei einem Zeigerinstrument ab, so kommt es häufig vor, dass der abzulesende Wert zwischen den Strichen der Skala liegt. In solchen Fällen macht man für die Wahrscheinlichkeitsdichtefunktion die Annahme, dass diese

- an der Stelle des abgelesenen Werts maximal ist (diesen Wert meint man ja abgelesen zu haben) und
- an den nächsten Skalenstrichen sicher null ist (man ist sich ja sicher, dass der Wert zwischen und nicht auf den Skalenstrichen liegt).

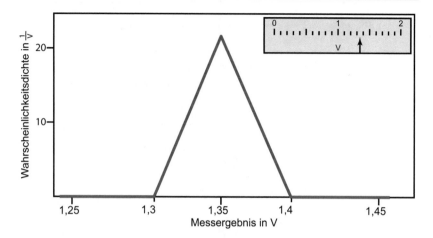

Abb. 3.10 Wahrscheinlichkeitsdichtefunktion einer analogen Anzeige, die zwischen 1,3V und 1,4V abgelesen werden muss

Der Einfachheit halber betrachtet man den symmetrischen Fall, bei dem der abgelesene Wert genau in der Mitte zwischen zwei Skalenstrichen liegt, wie z. B. in Abb. 3.10. Berücksichtigt man auch hier die Normierung der Wahrscheinlichkeitsdichtefunktion, so erhält man für diese eine Dreiecksverteilung:

$$\text{pdf}_{\text{Dreieck}}(x) = \begin{cases} \frac{2}{b} + \frac{4}{b^2} \cdot (x - \mu) & \text{für} \quad \left(\mu - \frac{b}{2}\right) < x \leq \mu \\ \frac{2}{b} - \frac{4}{b^2} \cdot (x - \mu) & \text{für} \qquad \mu < x < \left(\mu + \frac{b}{2}\right) \\ 0 & \text{sonst} \end{cases} \qquad (3.38)$$

Bei einem Abstand b der Skalenstriche ergibt sich damit die Standardunsicherheit zu:

$$u_{\text{Dreieck}} = \sqrt{\int_{\mu - \frac{b}{2}}^{\mu + \frac{b}{2}} (x - \mu)^2 \cdot \text{pdf}_{\text{Dreieck}}(x)\, dx}$$

Nach Einsetzen und mit der Substitution $z := (x - \mu)$ folgt

$$
u_{\text{Dreieck}} = \sqrt{\int_{-\frac{b}{2}}^{0} z^2 \left(\frac{2}{b} + \frac{4}{b^2}z\right) dz + \int_{0}^{+\frac{b}{2}} z^2 \left(\frac{2}{b} - \frac{4}{b^2}z\right) dz}
$$

$$
= \sqrt{\int_{-\frac{b}{2}}^{0} \left(\frac{2}{b}z^2 + \frac{4}{b^2}z^3\right) dz + \int_{0}^{\frac{b}{2}} \left(\frac{2}{b}z^2 - \frac{4}{b^2}z^3\right) dz}
$$

$$
= \sqrt{\left[\frac{2}{3b}z^3 + \frac{1}{b^2}z^4\right]_{-\frac{b}{2}}^{0} + \left[\frac{2}{3b}z^3 - \frac{1}{b^2}z^4\right]_{0}^{+\frac{b}{2}}}
$$

$$
= \sqrt{\frac{2}{3b}\cdot\frac{b^3}{8} - \frac{1}{b^2}\cdot\frac{b^4}{16} + \frac{2}{3b}\cdot\frac{b^3}{8} - \frac{1}{b^2}\cdot\frac{b^4}{16}}
$$

$$
= \sqrt{\frac{b^2}{12} - \frac{b^2}{16} + \frac{b^2}{12} - \frac{b^2}{16}}
$$

$$
= \sqrt{\frac{b^2}{24}}
$$

$$
= \frac{b}{2\sqrt{6}} \tag{3.39}
$$

Die Wahl der Dreiecksverteilung ist in diesem Zusammenhang nicht die einzige Möglichkeit. Auch könnte man die Überlegungen dahingehend erweitern, dass nicht immer nur ein Wert genau in der Mitte zwischen zwei Skalenstrichen abgelesen wird. Für den Zweck, mit vertretbarem Aufwand eine brauchbare Abschätzung der Unsicherheit zu erhalten, ist die beschriebene Vorgehensweise aber ausreichend und hat sich in der Praxis bewährt.

Ein Vergleich der beiden vorgestellten Verteilungen ist in Abb. 3.11 dargestellt. Bei gleicher Schrittweite der Skalen ist also die Unsicherheit der Ablesung einer analogen Anzeige im Vergleich zu einer digitalen Anzeige etwas geringer.

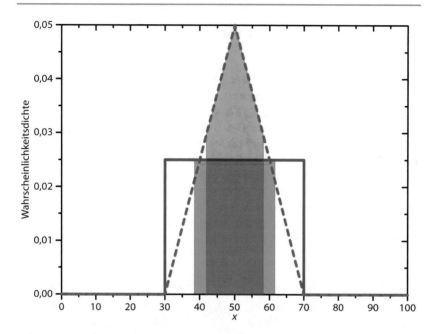

Abb. 3.11 Direkter Vergleich der Wahrscheinlichkeitsdichtefunktionen für die Ablesung einer digitalen (durchgezogen, blau) und einer analogen (gestrichelt, rot) Anzeige mit übereinstimmenden Mittelwerten. Die Schrittweite der Digitalanzeige und der Abstand der Skalenstriche der Analoganzeige ist gleich gewählt. Eingefärbt ist jeweils plus/minus eine Standardunsicherheit $u(x)$ um den Mittelwert herum

3.6 Nomenklatur nach GUM

Seit 1993 gibt es internationale Empfehlungen zum Umgang mit Messunsicherheiten, nämlich den *„Guide to the expression of* **uncertainty** *in* **measurement** *(GUM)"* (Joint Committee for Guides in Metrology (JCGM) 2008) und seine deutsche Übersetzung „Leitfaden zur Angabe der Unsicherheit beim Messen" (Physikalisch-Technische Bundesanstalt 2011), (DIN V ENV 13005 1999). Der vorliegende Text folgt weitgehend diesen Empfehlungen.

Die hier dargestellte Ermittlung einer Messunsicherheit durch statistische Auswertung der Einzelmessungen ist eine der nach GUM empfohlenen Vorgehensweisen. Die ermittelte Unsicherheit wird dann als Unsicherheit vom „Typ A" bezeichnet. Alle nach anderen Vorgehensweisen ermittelten Unsicherheiten werden als „Typ B" bezeichnet. Diese Bezeichnungen stellen keine Wertung dar.

3.7 Poisson-Verteilung – Unsicherheit von Zählereignissen

Eine wichtige Gruppe von Experimenten behandelt sogenannte Zählereignisse. Bei diesen können die einzelnen Messwerte nur natürliche Zahlen einschließlich der Null sein. Bedeutet das, dass hier ein Messwert ohne jede Unsicherheit vorliegt, weil man sich ja nicht „verzählen" kann? Das kommt darauf an. Wenn man fragt, wie viele Ereignisse in einem konkreten Fall tatsächlich gezählt wurden, so ist die Antwort exakt bekannt und die zugehörige Unsicherheit null. Normalerweise interessiert man sich aber nicht so sehr für die Einzelmessung, sondern eher für den „typischen" Zählwert bei der mehrfachen Wiederholung eines Zählexperiments, also z. B. für die Anzahl von α-Teilchen, die „normalerweise" in einer Sekunde von einer bestimmten radioaktiven Quelle emittiert werden. Da die Emission zufällig erfolgt, kann die gemessene Zahl schwanken. Sie folgt dabei der sogenannten Poisson-Verteilung.

Beim Zählen von radioaktiven Zerfällen (und vergleichbaren zufälligen Ereignissen wie dem Nachweis von Röntgenphotonen in einem Geiger-Müller-Zählrohr) ist die Wahrscheinlichkeit des Zählwerts ν während einer gegebenen Zeitdauer

$$P(\text{Zählwert } \nu) = p_\mu(\nu) = e^{-\mu} \cdot \frac{\mu^\nu}{\nu!}, \qquad (3.40)$$

wobei μ der erwartete mittlere Zählwert in dem betreffenden Zeitintervall ist.

Nach unendlich vielen Experimenten erhält man als Erwartungswert den Mittelwert

$$\bar{\nu} = \mu. \qquad (3.41)$$

Die Standardabweichung ist

$$\sigma_\nu = \sqrt{\mu}. \qquad (3.42)$$

Die Poisson-Verteilung ergibt sich als Näherung aus der Binomialverteilung für den Fall, dass p sehr klein (z. B. Zerfallswahrscheinlichkeit eines radioaktiven Atomkerns während eines Messintervalls, typische Größenordnung 10^{-20}) und gleichzeitig n sehr groß (z. B. Zahl der Atome in einer untersuchten Festkörperprobe, typische

Größenordnung 10^{+20}) ist. Das Produkt np ergibt dabei gerade den Parameter μ der Poisson-Verteilung.

Aus Gl. (3.42) ergibt sich, warum es sinnvoll ist, Zählintervalle lieber etwas länger zu machen: Wenn der gezählte Wert ν größer wird, wächst zwar auch σ_ν, aber die sogenannte relative Unsicherheit, also das Verhältnis

$$\frac{u(\nu)}{\nu} = \frac{\sqrt{\nu}}{\nu} = \frac{1}{\sqrt{\nu}}, \tag{3.43}$$

wird immer kleiner und damit günstiger.

3.8 Wahrer Wert, Fehler & Co.

In anderen – vor allem älteren – Texten rund um das Thema Messdaten werden einige Begriffe verwendet, die zu ungünstigen Assoziationen führen, nicht hilfreich sind oder schlicht anders besetzt sind, als sie in anderen Kontexten vielfach verwendet werden. Im vorliegenden Buch werden diese explizit vermieden, sollen hier aber kurz aufgegriffen und geklärt werden.

3.8.1 Fehler

Der am häufigsten zu findende Begriff ist mit Sicherheit der des *Fehlers*. Früher wurde auch durchgängig von der *Fehlerrechnung*, dem *Messfehler* und der *Fehlerbetrachtung* gesprochen. Vieles spricht aber dafür, genau dieses Wort zugunsten des Begriffs Unsicherheit nicht mehr zu verwenden.

So wird das Wort *Fehler* oftmals damit assoziiert, etwas falsch gemacht zu haben. Das bedeutet natürlich gleichzeitig auch, dass der *Fehler* zum einen selbst verschuldet ist und zum anderen hätte vermieden werden können. Der *Fehler* ist also etwas, was es zu vermeiden gilt. Wie aber bei den vorhergehenden Betrachtungen klar geworden sein sollte, ist eine gewisse Unsicherheit völlig unvermeidbar.

Zusätzlich ist der Begriff des „*Messfehlers*" in Normen oder in der Metrologie bereits anderweitig besetzt. Dort beschreibt der *Fehler* die Abweichung des Messergebnisses vom sogenannten „*wahren Wert*" der Messgröße und nicht ein Maß dafür, wie genau der Messwert bekannt ist.

3.8.2 Wahrer Wert

Auch der Begriff des „*wahren Werts*" einer Messgröße wird in diesem Buch nicht verwendet. Das gründet sich hauptsächlich darauf, dass der *wahre Wert* einem normalen (nicht göttlichen) Messenden nicht bekannt sein kann. Unser einziger Zugang zu einer Größe ist der über eine Messung. Da diese aber immer mit einer Unsicherheit und einem gewissen Unwissen verbunden ist, kann man den *wahren Wert* nicht kennen. Daneben scheint der Rückgriff auf diesen Begriff auch an keiner Stelle nötig.

3.8.3 Systematischer Fehler

Bei der Betrachtung der *Fehler* wird häufig zwischen zufälligen und systematischen *Fehlern* unterschieden. Der zufällige *Fehler* ist dabei das, was in diesem Buch durchgängig als Unsicherheit bezeichnet wird. Der systematische *Fehler* beschreibt hingegen eine systematische Abweichung des gemessenen Ergebnisses vom *wahren Wert* der Messgröße, dessen Existenz postuliert wird. Dies kann z. B. bedeuten, dass jeder Wert um einen konstanten Betrag zu groß oder zu klein gemessen wird (Offset, verschobene Skala) oder aber um einen konstanten Faktor zu groß oder zu klein gemessen wird (gestauchte oder gestreckte Skala). Solche Effekte können selbstverständlich auftreten. Sind sie zumindest zu einem gewissen Grad bekannt, dann kann dies (wieder mit einer Unsicherheit) berücksichtigt werden. Darauf wird in Kap. 5 noch detailliert eingegangen. Eine Unsicherheit im eigentlichen Sinne stellen sie aber zunächst einmal sicher nicht dar.

3.9   Zusammenfassung und Fragen

3.9.1   Zusammenfassung

Bei wiederholter Messung ergeben sich in der Regel Schwankungen der beobachteten Werte. Dies ist prinzipiell nicht vermeidbar, nur das Ausmaß der Schwankungen kann ggf. durch geschicktes Experimentieren beeinflusst werden.

Eine Reihe aus mehreren Messwerten kann in Form eines Histogramms dargestellt werden. Die wesentlichen Eigenschaften des Histogramms werden meist in Form von zwei Kenngrößen zusammengefasst: dem Mittelwert $\bar{x}$ und dessen Standardabweichung $\sigma_{\bar{x}}$. Diese wird dann als Standardunsicherheit $u(x)$ bezeichnet.

Liegen zu wenige Messwerte für eine statistische Behandlung der Daten vor, so wird eine Verteilung aufgrund anderer Kriterien geschätzt. Dies gilt auch für einen einzelnen Messwert. Dabei kommen neben der Normalverteilung insbesondere die Rechteckverteilung (Gleichverteilung) und die Dreiecksverteilung häufig zur Anwendung. Der Begriff Standardunsicherheit wird auch in diesen Fällen verwendet.

3.9.2 Fragen

1. Welche Eigenschaften (Vorzeichen, Betrag, Bedeutung) hat der Zahlenwert der empirischen Standardabweichung des Mittelwerts?
2. Welche Informationen gehen bei der Zusammenfassung einer Messreihe zu Mittelwert und Standardunsicherheit verloren?
3. Wenn eine Größe den Erwartungswert μ hat, misst man dann μ am häufigsten?
4. Bei der Bestimmung der Masse eines Körpers mit Hilfe einer Balkenwaage und 1-kg-Steinen stellen Sie fest, dass die Waage sich bei einem Stein auf die Seite des Körpers und bei zwei Steinen auf die Seite der Steine neigt. Was würde man für die Unsicherheit der Messung angeben?

Angabe von Messergebnissen

4

Inhaltsverzeichnis

Wie im vorherigen Kapitel gezeigt, ist jeder wissenschaftlich relevante Wert nur bis zu einem gewissen Grad bekannt, der über die Angabe einer Unsicherheit ausgedrückt wird. Bei der Angabe von Ergebnissen muss diese Unsicherheit in geeigneter Weise berücksichtigt und angegeben werden. So ist es z. b. nicht sinnvoll, einen Messwert mit einer beliebig großen Zahl von Ziffern anzugeben. Den Benzinverbrauch eines Kraftfahrzeugs mit $7,495\,845\,\frac{L}{100\,km}$ anzugeben wäre offensichtlich genauso unsinnig wie die Länge einer Schaumstoffmatratze mit $1,976\,258\,m$. Die Ergebnisse müssen also auf eine angemessene Zahl von Stellen gerundet werden. Was aber genau die „richtige" Ziffernzahl ist, ist nicht mit allgemeingültigen strengen Vorschriften geregelt.

4.1 Signifikante Stellen

4.1.1 Regeln für die Wahl der Stellenzahl

In der Forschungspraxis haben sich folgende Regeln für die Wahl der Zahl anzugebender Stellen bewährt:

- Angabe der Unsicherheit des Ergebnisses mit zwei geltenden Ziffern (man zählt von links ab der ersten von null verschiedenen Ziffer). Geltende Ziffern sind

© Springer-Verlag GmbH Deutschland, ein Teil von Springer Nature 2020   45
P. Möhrke und B.-U. Runge, *Arbeiten mit Messdaten,*
https://doi.org/10.1007/978-3-662-60660-5_4

explizit nicht die Nachkommastellen einer Zahl. Welche und wie viele Stellen hinter dem Komma stehen, ist nämlich letztendlich nur eine Frage der gewählten Einheit und dadurch beliebig veränderbar.
Beispiel: $u(x) = 0,033$ m

- Angabe des Messwertes mit so vielen Ziffern, dass die Wertigkeit der letzten Ziffern von Messwert und Unsicherheit übereinstimmt (auch wenn dadurch eine oder mehrere Nullen am Ende geschrieben werden müssen).
Die Zahl signifikanter Ziffern kann beim Wert selbst also deutlich größer sein als bei seiner Unsicherheit.
Beispiele:
  - $x = 3,512$ m mit $u(x) = 0,033$ m
  - $x = 1,410$ m mit $u(x) = 0,033$ m
  - $x = 1618,000$ m mit $u(x) = 0,033$ m

- Angabe von Zwischenergebnissen bei längeren Rechnungen jeweils mit mindestens einer Ziffer mehr (also drei oder mehr signifikante Ziffern bei der Unsicherheit), um dem Ansammeln von Rundungsabweichungen entgegenzuwirken.
Beispiel: $x = 3,5123$ m mit $u(x) = 0,0333$ m

4.1.2 Begründung für die Wahl der Stellenzahl

Eine Begründung für die Wahl der Zahl signifikanter Ziffern ergibt sich aus statistischen Überlegungen. Wenn die Standardunsicherheit rechnerisch als empirische Standardabweichung des Mittelwerts aus einer endlichen Zahl von Einzelmessungen bestimmt wird, weist sie selbst eine Unsicherheit auf. Unter der Voraussetzung einer Gauß-Verteilung kann man zeigen, dass gilt (siehe z. B. Taylor (1997)):

$$\frac{u(u(x))}{u(x)} \approx \frac{\sigma_{\sigma_x}}{\sigma_x} \approx \frac{\sigma_{\sigma_{\overline{x}}}}{\sigma_{\overline{x}}} \approx \frac{1}{\sqrt{2(n-1)}} \tag{4.1}$$

Diese Unsicherheit ist also bei einer kleinen Zahl von Einzelmessungen besonders groß. Da (insbesondere im Praktikum) meist keine „riesigen" Zahlen von Einzelmessungen vorliegen, kann man die „Unsicherheit der Unsicherheit" wie in Tab. 4.1 abschätzen.
Die Zahl $(n-1)$ wird hier auch als Zahl der Freiheitsgrade bezeichnet. Sie entspricht der Zahl der Messwerte abzüglich der Zahl der Parameter, die aus diesen bestimmt und für die Berechnung der Unsicherheit herangezogen werden. Für $\sigma_{\overline{x}}$ wird genau ein Parameter bestimmt, nämlich der Mittelwert $\overline{x}$.

Tab. 4.1 Relative Unsicherheit der Unsicherheit berechnet nach der Näherungsformel (4.1)	Zahl der Einzelmessungen	Relative Unsicherheit der Unsicherheit %
	3	50
	10	24
	50	10
	100	7
	1000	2

Bei der Angabe der Unsicherheit soll weder durch zu viele Stellen eine zu große Genauigkeit vorgetäuscht werden, noch durch die Angabe von zu wenigen Stellen eine zu große Unsicherheit signalisiert werden.

Betrachtet man nun die Änderungen, die beim Runden der Unsicherheit auf 1, 2 oder 3 Ziffern auftreten, so erhält man:

- 1 Ziffer: mögliche Werte 1, 2, 3, 4, 5, 6, 7, 8, 9
  Beim Runden der Unsicherheit auf eine Ziffer ergibt sich die größte relative Änderung, wenn „1000 … 1" auf „2" aufgerundet wird. Sie beträgt $\frac{2-1000...1}{1000...1} \approx$ 100 %. Eine so große Rundungsabweichung ist selbst bei nur zehn Messwerten nicht akzeptabel. Die Schrittweite bei der Verwendung nur einer Ziffer ist also ggf. zu groß. Ist die erste Ziffer keine „1", sondern z. B. eine „8", so wird die Rundungsabweichung wesentlich kleiner. Dann kann auch die Angabe nur einer Ziffer bereits ausreichend sein. Diese Fallunterscheidung soll hier aber aus Gründen der einfachen Handhabung nicht weiter verfolgt werden.
- 2 Ziffern: mögliche Werte 10, 11, 12, 13, …, 97, 98, 99
  Beim Runden der Unsicherheit auf zwei Ziffern ergibt sich die größte relative Änderung, wenn „10,000 … 1" auf „11" aufgerundet wird. Sie beträgt $\frac{11-10,000...1}{10,000...1} \approx 10$ %. Das ist in der Regel sinnvoll zur Angabe von Ergebnissen.
- 3 Ziffern: mögliche Werte 100, 101, 102, 103, …, 997, 998, 999
  Beim Runden der Unsicherheit auf drei Ziffern ergibt sich die größte relative Änderung, wenn „100,000 … 1" auf „101" aufgerundet wird. Sie beträgt $\frac{101-100,000...1}{100,000...1} \approx 1$ %. Das sind zwar recht kleine Schritte, aber für Zwischenergebnisse in vielen Fällen gerade angemessen.

Aus diesen Überlegungen ergibt sich die schon in Abschn. 4.1.1 formulierte Faustregel, dass Endergebnisse mit zwei signifikanten Ziffern der Unsicherheit angegeben werden, Zwischenergebnisse mit mindestens einer Ziffer mehr. Feste, verbindliche Regeln gibt es hierzu nicht. Im GUM findet sich in Abschn. 7.2.6 folgende

Formulierung (DIN V ENV 13005 1999): „Die Zahlenwerte des Schätzwerts y und seiner Standardunsicherheit $u_c(y)$ oder erweiterten Unsicherheit U dürfen nicht mit einer übermäßigen Stellenzahl angegeben werden. Es reicht gewöhnlich aus, $u_c(y)$ und U [ebenso wie die Standardunsicherheiten $u(x_i)$ der Eingangsgrößen x_i] auf höchstens zwei Stellen anzugeben, obwohl es in manchen Fällen notwendig sein kann, weitere Stellen beizubehalten, um bei nachfolgenden Berechnungen Rundungsabweichungen zu vermeiden." Das Wort „gewöhnlich" lässt dabei einen gewissen Spielraum.

Referenzwerte für grundlegende physikalische Konstanten werden fast immer mit zwei signifikanten Ziffern angegeben, siehe z. B. (CODATA 2014). Einschlägige Software wie z. B. GUM Workbench verwendet bei der Angabe von Unsicherheiten von Ergebnissen in der Regel ebenfalls zwei signifikante Ziffern, bei Zwischenergebnissen eine Ziffer mehr.

Man sollte aber nie vergessen, dass es sich bei der Formulierung in Abschn. 4.1.1 nur um eine Faustregel handelt. Die entscheidende Frage ist und bleibt, welche Ziffernzahl der ermittelten Unsicherheit des Ergebnisses angemessen ist. Diese Frage muss ggf. für den Einzelfall entschieden werden. Eine Ausnahme von der Faustregel bildet z. B. in „(CODATA 2014)" die Fermi-Kopplungs-Konstante $G_F/(\hbar c)^3 = 1{,}166\,378\,7(6) \cdot 10^{-5}\mathrm{GeV}^{-2}$, für die nur eine signifikante Stelle der Unsicherheit angegeben wird. Ihre relative Standardunsicherheit wird aber wieder mit zwei Ziffern als $5{,}1 \cdot 10^{-7}$ angegeben.

4.2   Runden von Zahlen

Bei Messunsicherheiten wird in der Regel aufgerundet, diese Vorgehensweise wird z. B. auch in (DIN 1319-3 1996) empfohlen. Die Messwerte selbst werden hingegen ab- oder aufgerundet, wobei entweder das kaufmännische oder das wissenschaftliche Runden zur Anwendung kommt.

4.2.1   Kaufmännisches Runden

Die (zumindest in Deutschland) verbreitetste Regel zum Runden von Dezimalzahlen ist das sogenannte kaufmännische Runden, umgangssprachlich auch als „4–5-Rundung" bezeichnet. Beim kaufmännischen Runden gelten folgende Regeln:

1. Folgt auf die letzte beizubehaltende Ziffer eine 0, 1, 2, 3 oder 4, so wird (betrags-mäßig!) abgerundet.
   Beispiele:

   - $3,141\,592\,65\ldots \rightarrow \quad 3,141\,59$
   - $-3,141\,592\,65\ldots \rightarrow -3,14$
   - $3,141\,592\,65\ldots \rightarrow \quad \mathbf{3}$

2. Folgt auf die letzte beizubehaltende Ziffer eine 5, 6, 7, 8 oder 9, so wird (betrags-mäßig!) aufgerundet. Beispiele:

   - $3,141\,592\,65\ldots \rightarrow \quad 3,141\,592\,7$
   - $-3,141\,592\,65\ldots \rightarrow -3,141\,6$
   - $3,141\,592\,65\ldots \rightarrow \quad 3,142$

Hinweis Wird die Rundung schrittweise durchgeführt, so kann es u. U. zu anderen Ergebnissen kommen, als wenn direkt nur einmal gerundet würde. Nach Mög-lichkeit muss daher bei jeder Rundung wieder auf den ursprünglichen Zahlenwert zurückgegriffen werden.
Falsch wäre z. B. ein Runden in dieser Form: $1,374\,532\ldots \rightarrow 1,375 \rightarrow 1,38$.
Richtig muss hier wie folgt gerundet werden: $1,374\,532\ldots \rightarrow 1,37$.

4.2.2 Wissenschaftliches Runden

Etwas erweiterte Regeln gelten für das wissenschaftliche Runden, das auch als mathematisches, Gauß'sches, geodätisches, unverzerrtes oder symmetrisches Run-den bezeichnet wird. Gemäß (Association 2008) bzw. (DIN 60559 1992) ist es das Standardverfahren beim Umgang mit Zahlen in Computersystemen. Der Unter-schied zum in Abschn. 4.2.1 beschriebenen sogenannten kaufmännischen Runden besteht *nur* in der besonderen Behandlung der Ziffer 5.

1. Folgt auf die letzte beizubehaltende Ziffer eine 0, 1, 2, 3 oder 4, so wird (betrags-mäßig!) abgerundet.
2. a) Folgt auf die letzte beizubehaltende Ziffer eine 5 (gefolgt von weiteren Zif-fern, die nicht alle null sind), 6, 7, 8 oder eine 9, so wird (betragsmäßig!) aufgerundet.

Beispiele:
- $3,141\,592\,653\,589\,793\ldots \rightarrow 3,14\mathbf{2}$
- $3,141\,592\,\mathbf{653}\,589\,793\ldots \rightarrow 3,141\,592\,\mathbf{7}$
- $3,141\,592\,653\,589\,793\ldots \rightarrow 3,141\,592\,65\mathbf{4}$
- $3,141\,592\,653\,589\,\mathbf{793}\,238\ldots \rightarrow 3,141\,592\,653\,589\,\mathbf{80}$

b) Folgt auf die letzte beizubehaltende Ziffer <u>lediglich</u> eine 5 (oder eine 5, auf die <u>nur</u> Nullen folgen), so wird derart gerundet, dass die letzte beizubehaltende Ziffer gerade wird.

Beispiele:
- $3,141\,592\,6\mathbf{5} \rightarrow 3,141\,592\,\mathbf{6}$
- $3,141\,592\,6\mathbf{50}\,00 \rightarrow 3,141\,592\,\mathbf{6}$
- $3,141\,\mathbf{5} \rightarrow 3,14\mathbf{2}$
- $3,141\,\mathbf{50}0\,0 \rightarrow 3,14\mathbf{2}$

3. Folgt auf die letzte beizubehaltende Ziffer eine 6, 7, 8 oder 9, so wird (betragsmäßig!) aufgerundet.

Der Vorteil dieser erweiterten Regel besteht darin, dass zumindest bei großen stochastischen Datensätzen die Gefahr einer Verschiebung des Mittelwerts geringer ist, da im Mittel gleich häufig auf- und abgerundet wird. Beim kaufmännischen Runden besteht hingegen eine leichte Tendenz zur Vergrößerung des Mittelwerts positiver Zahlen, da ein Aufrunden um exakt 0,5 auftreten kann, ein Abrunden um exakt 0,5 jedoch nie. Ob dieser Vorteil zum Tragen kommt, liegt einerseits daran, ob die Zahlen stochastisch verteilt sind, und andererseits auch daran, ob sie symmetrisch zu null liegen oder nicht.

Das Problem des schrittweisen Rundens kann allerdings auch beim wissenschaftlichen Runden nicht vermieden werden. Für das Beispiel von oben ergibt sich nämlich unverändert:

In zwei Schritten gerundet erhält man: $1,374\,532\ldots \rightarrow 1,375 \rightarrow 1,38$

Rundet man in nur einem Schritt: $1,374\,532\ldots \rightarrow 1,37$

4.3 Schreibweisen für Unsicherheiten

Es gibt verschiedene Schreibweisen zur Angabe von Unsicherheiten bei Messwerten. Diese sind in Tab. 4.2 dargestellt. Die Unsicherheiten werden dabei als (immer positive) „absolute Unsicherheiten" $u(x)$ möglichst mit der gleichen Einheit (auf jeden Fall aber mit der gleichen Dimension, also z. B. Dimension einer Länge, Masse, Geschwindigkeit usw.) wie der zugehörige Wert x angegeben.

Tab. 4.2 Verschiedene übliche Schreibweisen zur Angabe von Messergebnissen jeweils bestehend aus Messwert und zugehöriger Messunsicherheit

Nr.	Form	Beispiel 1	Beispiel 2
1	$\{x\}(\{u(x)\})[x]$ bei der Unsicherheit werden führende Nullen und das Dezimaltrennzeichen <u>nicht</u> geschrieben	$2,000(50)\,\text{m}$	$7,985(42)\,\text{kg}$
2	$x \pm u(x)$	$2,000\,\text{m} \pm 0,50\,\text{m}$	$7,985\,\text{kg} \pm 0,42\,\text{kg}$
3		$(2,000 \pm 0,50)\,\text{m}$	$(7,985 \pm 0,42)\,\text{kg}$
4		$2,000\,\text{m} \pm 5,0\,\text{cm}$	$7,985\,\text{kg} \pm 42\,\text{g}$

Die Schreibweise 1 wird in internationalen Normen wie der DIN EN ISO 80000-1:2013-08 empfohlen. Wichtig ist hierbei, dass die eingeklammerten Ziffern keineswegs weitere Dezimalstellen angeben, deren Gültigkeit möglicherweise irgendwie eingeschränkt ist. Vielmehr stellen sie die Messunsicherheit selbst als Absolutwert dar. Die Wertigkeit der letzten Ziffer <u>vor</u> der Klammer entspricht dabei der Wertigkeit der letzten Ziffer <u>in</u> der Klammer. Durch $U = 12{,}0(18)\,\text{V}$ wird also z. B. eine Unsicherheit von 1,8 V ausgewiesen. Diese Schreibweise ist sehr kompakt und findet sich sehr häufig in wissenschaftlichen Veröffentlichungen.

Die Schreibweisen 2 und 3 stellten lange Zeit die gebräuchlichsten Varianten dar. Diese Schreibweisen können jedoch leicht mit der Beschreibung für die Toleranz einer Größe verwechselt werden. Angaben für Toleranzen finden sich z. B. für den Außendurchmesser von Schrauben. Hier wird eine Angabe wie $8{,}00\,\text{mm} \pm 0{,}20\,\text{mm}$ so verstanden, dass sich in einer gesamten Charge Schrauben keine einzige mit einem Durchmesser kleiner als 7,80 mm oder größer als 8,20 mm findet. Bei der Angabe der einfachen Standardunsicherheit einer Größe ist eine solche Interpretation nicht zutreffend. Diese Schreibweise wird zwar von Normen wie DIN 1333 oder DIN 1319 dargestellt. Die aktuelle internationale Vereinbarung ISO/IEC-Guide 98-3:2008 enthält allerdings in Abschn. 7.2.2, der sich mit empfohlenen Schreibweisen für Messunsicherheiten beschäftigt, folgende Anmerkung: „Das ±-Format sollte, wenn immer möglich, vermieden werden [...]".

Schreibweise 4 ist im Alltag häufiger anzutreffen, sollte aber aufgrund der unterschiedlichen Einheiten für Messwert und Unsicherheit vermieden werden.

Nicht signifikante Nullen am Ende der Unsicherheit sollen vermieden werden. Dies kann durch die Wahl einer geeigneten Einheit erfolgen und/oder durch die

Verwendung der Exponentialschreibweise („wissenschaftliche Schreibweise") für den Zahlenwert. Ausführliche Erläuterungen zu den Schreibweisen finden sich u. a. in ISO/IEC Guide 98-1 (2009).

In Diagrammen werden Unsicherheiten häufig als Striche (oft auch mit kleinen Querstrichen am oberen und unteren Ende) in Richtung der Unsicherheit durch die Messpunkte dargestellt. Der Strich zeigt dabei die Lage des gesamten Unsicherheitsintervalls an. Man bezeichnet diese Darstellungsform als „Unsicherheitsbalken". Häufig ist auch der veraltete Begriff „Fehlerbalken" (engl. *error bar*) zu finden, ähnlich wie die Messunsicherheitsanalyse aus historischen Gründen weiterhin oft als Fehlerrechnung bezeichnet wird.

4.3.1 Angabe eines Überdeckungsintervalls

Die zwei vorgestellten Notationen sind beide hervorragend geeignet, die Unsicherheit eines Messwertes anzugeben, wenn die zugrunde liegende Wahrscheinlichkeitsdichteverteilung symmetrisch ist. Bei einer Gauß-Funktion z. B. liegen dann rund 68,3 % der Werte innerhalb des angegebenen Unsicherheitsintervalls $[x - u(x); x + u(x)]$. Die Hälfte davon über bzw. unter dem angegebenen Wert. Es gibt aber auch Situationen, in denen die Verteilung nicht symmetrisch ist.

Berechnet man dann die Wahrscheinlichkeit $p_{kleiner}$, einen Messwert x_i zwischen dem angegebenen Wert x und dem unteren Rand $x - u(x)$ des angegebenen Unsicherheitsintervalls zu finden über

$$P((x - u(x)) < x_i < x) = \int_{x-u(x)}^{x} \mathrm{pdf}(x')\,\mathrm{d}x' \ , \qquad (4.2)$$

so stellt man fest, dass dieser Wert nicht gleich der Wahrscheinlichkeit $p_{größer}$ ist, dass der Wert zwischen angegebenem Wert x und dem oberen Rand $x + u(x)$ des Unsicherheitsintervalls liegt:

$$P(x < x_i < (x + u(x))) = \int_{x}^{x+u(x)} \mathrm{pdf}(x')\,\mathrm{d}x' \qquad (4.3)$$

Auf der Seite, auf welcher die Verteilung schneller abfällt, nimmt das Integral bedingt durch die kleineren Beiträge von $\mathrm{pdf}(x')$ einen kleineren Wert an.

Um diesem Problem abzuhelfen, sieht der ISO-Guide statt der Angabe eines Bestwertes und einer Unsicherheit die Angabe eines sogenannten Überdeckungsintervalls $[x_1; x_2]_P$ vor, in dem die Werte mit einer festgelegten Wahrscheinlichkeit, der Überdeckungswahrscheinlichkeit P, liegen:

$$P = \int_{x_1}^{x_2} \text{pdf}(x') \, dx' \tag{4.4}$$

Diese Überdeckungswahrscheinlichkeit muss mit angegeben werden, wie z. B. in $[5,1\,\text{V}; 5,6\,\text{V}]_{P=68,3\%}$. Auf die Angabe eines Bestwertes wird dann ganz verzichtet. Auf diese Alternative sollte immer dann zurückgegriffen werden, wenn die Verteilung stark asymmetrisch ist. Wie es dazu kommen kann, wird in den folgenden Kapiteln noch erläutert.

Die Wahl einer Wahrscheinlichkeit von 100 % ist nicht günstig, entspräche aber den anfänglichen Überlegungen, einfach die gesamte Spanne der auftretenden Werte als Ergebnis anzugeben. Für eine Wahl kleiner 100 % ergeben sich zwei Möglichkeiten, die obere und untere Intervallgrenze x_1 und x_2 zu bestimmen: das probabilistisch symmetrische Intervall und das kürzeste Intervall.

Probabilistisch symmetrisches Intervall
Dieses Intervall wird so gewählt, dass die Wahrscheinlichkeit, einen Wert oberhalb und unterhalb des angegebenen Intervalls zu finden, gleich groß ist. Bestimmt man also das probabilistisch symmetrische Intervall für eine Überdeckungswahrscheinlichkeit von 80 %, so liegen gerade 10 % der Werte oberhalb und 10 % der Werte unterhalb der Intervallgrenzen.

Auch wenn man dem Namen nach darauf schließen könnte: Der arithmetische Mittelwert liegt nicht zwingend mittig in diesem Intervall. Das ist nur der Fall, wenn die Verteilung symmetrisch ist. Für eine Gauß-Verteilung liegen die Grenzen für ein 68,3 %-Intervall auch genau bei $x - u(x)$ und $x + u(x)$. Die zwei Darstellungen münden also für symmetrische Verteilungen in das gleiche Ergebnis.

Kürzestes Intervall
Eine weitere Möglichkeit besteht darin, das Intervall zu wählen, welches die kürzeste Spanne, also die kleinste Differenz zwischen oberer und unterer Intervallgrenze, hat. Hat die Verteilung nur ein Maximum, so liegt dieses garantiert innerhalb des

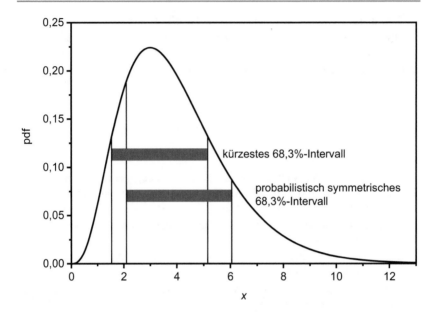

Abb. 4.1 Vergleich der zwei möglichen 68,3 %-Überdeckungsintervalle. Während das kürzeste Intervall links und rechts bei der selben Wahrscheinlichkeitsdichte endet, folgt das probabilistisch symmetrische Intervall mehr der asymmetrischen Form der Verteilung

Intervalls, was beim probabilistisch symmetrischen Intervall zwar wahrscheinlich, aber nicht zwingend ist.

Ein Vergleich dieser zwei Überdeckungsintervalle für eine asymmetrische Verteilung mit einem Maximum ist in Abb. 4.1 gezeigt. Die Bestimmung der Intervallgrenzen wird meist unabhängig von der Wahl, welches Intervall angegeben wird, numerisch mit Hilfe eines Computers realisiert.

4.4   Zusammenfassung und Fragen

4.4.1 Zusammenfassung

Bei der Angabe von Messergebnissen ist es wichtig, die richtige Zahl von Ziffern anzugeben, um weder eine zu große Genauigkeit noch eine zu große Messunsicherheit zu suggerieren. Die Zahl der sogenannten signifikanten Ziffern ergibt sich aus der Messunsicherheit und dem Wert selbst. Es gibt keine verbindlichen internationalen Regeln, aber sehr gebräuchlich ist bei Endergebnissen die Angabe von zwei signifikanten Ziffern der Unsicherheit. Messunsicherheiten werden dabei immer aufgerundet. Die Messwerte werden dann so gerundet, dass die Wertigkeit der letzten Ziffer von Wert und Unsicherheit übereinstimmt. Die Ziffernzahl des Wertes selbst kann deutlich größer sein als die der Unsicherheit.

Während der Rechnung und bei Zwischenergebnissen sollte mindestens eine Ziffer mehr notiert werden, um dem Ansammeln von Rundungsabweichungen entgegenzuwirken.

Es gibt verschiedene übliche Schreibweisen für die Angabe von Messwert und Messunsicherheit. Wichtig ist, dass Verwechslungen mit anderen Angaben möglichst vermieden werden. In wissenschaftlichen Texten findet sich häufig eine kompakte Schreibweise, bei der die Ziffern der Messunsicherheit in runden Klammern direkt an die Ziffern des Messwertes angehängt werden.

4.4.2 Fragen

1. Warum werden für Unsicherheiten von Endergebnissen fast nie mehr als zwei Ziffern angegeben?
2. Worin besteht der Unterschied zwischen dem kaufmännischen Runden und dem wissenschaftlichen Runden?
3. Die Berechnung des Mittelwerts einer Messreihe ergibt eine Stromstärke von $I = 13,452\,540\,57\,\text{A}$ und eine Standardunsicherheit von $u(I) = 12\,821\,\mu\text{A}$. Wie lautet eine sinnvolle kompakte Schreibweise des Endergebnisses?
4. Die Verteilung nimmt an den zwei Grenzen des kürzesten Überdeckungsintervalls in Abb. 4.1 den gleichen Wert an. Ist das beim kürzesten Überdeckungsintervall für Verteilungen mit einem Maximum immer der Fall?

Modelle

5

Inhaltsverzeichnis

Die naturwissenschaftliche Arbeitsweise ist zentral mit dem Begriff des Modells verknüpft. Speziell die Arbeit mit Messdaten ist ohne Modelle nicht möglich. Modelle als ausschnitthafte Abbildungen der Realität treten in verschiedenen Formen auf, wie z. B. dem Teilchenmodell von Atomen oder Elektronen, dem Wellenmodell des Lichts oder aber der mathematischen Formulierung von physikalischen Gesetzen. All diesen Modellen liegt das Problem zugrunde, dass man die Natur nie vollständig und in ihrer „wahren" Gestalt wahrnehmen kann. Immer ist man auf die Sinne oder speziell hergestellte Messinstrumente angewiesen, von denen man nicht mit letzter Sicherheit sagen kann, wie sie eine Eigenschaft eines Objektes abbilden. Aus diesem Grunde werden in den Naturwissenschaften Bilder der Realität, die Modelle, genutzt, um Vorhersagen, sogenannte Hypothesen, über Vorgänge in der Natur machen zu können.

Modelle sind immer für einen speziellen Zweck geschaffen, berücksichtigen nur einen Teil der möglichen Eigenschaften oder Einflussfaktoren eines Objektes oder Systems und bilden so nur einen Ausschnitt der Realität ab (siehe Abb. 5.1). So liefert das ideale Gasgesetz $pV = NkT$ für hohe Temperaturen T, kleine Drücke p oder große Volumina V gute Vorhersagen für das Verhalten eines Gases. Die Übereinstimmung zwischen berechneten (durch das Modell vorhergesagten) Werten und Messergebnissen ist in diesem Bereich sehr gut. Die Vorgänge von sogenannten realen Gasen werden hingegen nur unzureichend beschrieben. Hier bewegt man sich außerhalb der Grenzen des Modells (vgl. Stachowiak 1973).

© Springer-Verlag GmbH Deutschland, ein Teil von Springer Nature 2020
P. Möhrke und B.-U. Runge, *Arbeiten mit Messdaten*,
https://doi.org/10.1007/978-3-662-60660-5_5

Realität   Mathematik

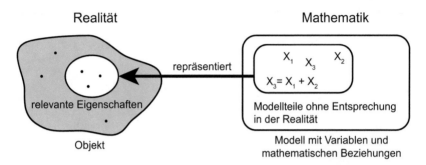

relevante Eigenschaften   Modellteile ohne Entsprechung
                                     in der Realität

Objekt   Modell mit Variablen und
                                     mathematischen Beziehungen

Abb. 5.1 Reales Objekt/Experiment und Modell werden durch eine Ähnlichkeitsbeziehung verbunden. Welche Eigenschaften des realen Objektes als relevant eingestuft und damit vom Modell repräsentiert werden, liegt in der Freiheit des Beobachters oder Experimentators

Der Begriff Modell wird in der Alltagssprache noch in unterschiedlichsten anderen Bedeutungen verwendet. So kann damit z. B. auch die gegenständliche Abbildung eines Originals wie bei einem Modellauto oder dem Modell eines Gebäudes gemeint sein. Für den Zweck des Messens steht aber das mathematische Modell, also die Formulierung von Zusammenhängen zwischen verschiedenen physikalischen Größen durch mathematische Gleichungen im Vordergrund. Diese Modelle sind immer dann besonders wichtig, wenn man eine Größe durch eine Messung bestimmen möchte, die nicht direkt gemessen werden kann. Den Widerstand R eines Drahtes kann man z. B. nicht direkt, sondern nur indirekt über die Messung der Stromstärke I durch den Draht und der anliegenden Spannung U bestimmen. Der Widerstand R ergibt sich dann einem mathematischen Modell folgend als Quotient $R = \frac{U}{I}$. Auch das Volumen einer Kugel wird selten direkt bestimmt. Vielmehr wird mithilfe des Durchmessers d über $V = \frac{4}{3}\pi \left(\frac{d}{2}\right)^3$ das Volumen berechnet. Ebenso wird bei in der Küche üblichen Messbechern eigentlich nie direkt das Volumen gemessen, sondern vielfach eine Füllhöhe x. Der Skala in z. B. Millilitern liegt dann meist ein Modell zugrunde, welches einen Zusammenhang zwischen Höhe und Volumen angibt. Im einfachsten Fall könnte das für eine zylindrische Form $V = A \cdot x$ sein, wobei A die Größe der Grundfläche ist.

5.1   Mathematische Formulierung eines Modells

Beim Messen steht die Modellierung des Zusammenhangs zwischen den Eingangsgrößen und einer oder mehrerer Ausgangsgrößen (gelegentlich auch Ergebnisgrößen genannt) des Messprozesses im Mittelpunkt. Als sogenannte Modellgleichung einer

Messung mit den Eingangsgrößen $X_1, X_2, \ldots X_n$ und der Ausgangsgröße Y wird dabei die Gleichung

$$h(Y, X_1, X_2, \ldots, X_n) = 0 \qquad (5.1)$$

mit der Modellfunktion h bezeichnet. Diese kann z. B. der Zusammenhang zwischen der kinetischen Energie E_{kin} eines Objekts als Ausgangsgröße und dessen Masse m und Geschwindigkeit v als Eingangsgrößen sein. Die Modellgleichung lautet in diesem Fall

$$h(E_{\text{kin}}, m, v) = E_{\text{kin}} - \frac{1}{2}mv^2 = 0. \qquad (5.2)$$

Dies kann aber auch der Zusammenhang von angezeigter Spannung U_{anz} auf einem Messgerät und der an den Eingängen des Gerätes anliegenden Spannung U_{in} sein. Diese Beziehung sollte idealerweise 1:1 sein. Die Modellgleichung lautet in diesem Fall

$$h(U_{\text{anz}}, U_{\text{in}}) = U_{\text{anz}} - U_{\text{in}} = 0. \qquad (5.3)$$

Gibt es mehrere Ausgangsgrößen, dann besteht das Modell aus mehreren Gleichungen oder kann vektoriell formuliert werden.

Kann man die Modellgleichung so umstellen, dass die Ausgangsgröße als Funktion der Eingangsgrößen geschrieben werden kann, erhält man die

Messgleichung $Y = f(X_1, X_2, \ldots, X_n).$ $\qquad (5.4)$

f selbst heißt dann Messfunktion. Der Einfachheit halber wird häufig die Messfunktion direkt mit dem Formelzeichen der Ausgangsgröße selbst bezeichnet. Man schreibt also $Y(X_1, X_2, \ldots, X_n)$.

Für das Beispiel der kinetischen Energie ergibt sich so die bekannte Formel

$$E_{\text{kin}}(m, v) = \frac{1}{2}mv^2. \qquad (5.5)$$

Dieses Auflösen der Modellgleichung nach der Ausgangsgröße gelingt in vielen, allerdings nicht in allen Fällen. Der Fall impliziter Modelle, deren Auflösen in eine Messgleichung nicht möglich ist, soll hier aber nicht weiter thematisiert werden. Die Messgleichung wird im Folgenden noch vielfach verwendet werden, da sie auch für die Ermittlung der Unsicherheit der Ausgangsgröße aus den Unsicherheiten der Eingangsgröße von zentraler Bedeutung ist.

Die Auswertung experimenteller Daten ohne ein mathematisches Modell, also die oben gezeigte mathematische Beschreibung der Zusammenhänge zwischen den einzelnen gemessenen Größen (Eingangsgrößen) und den daraus resultierenden Größen (Ausgangsgrößen), ist schlicht nicht möglich. Jeder physikalische Zusammenhang, egal ob Ohm'sches Gesetz oder Linsengleichung, stellt am Ende ein Modell dar. In den Naturwissenschaften wird oft statt von Modellen auch von Theorien gesprochen. Letzterer Begriff wird in der Wissenschaftstheorie allerdings häufig als umfangreicher oder den Modellen übergeordnet angesehen (vgl. Giere 2004).

5.1.1 Grafische Darstellung von Modellen

Die mathematische formelhafte Darstellung von Modellen ist natürlich eine sehr detaillierte und vor allem auch quantitative Darstellung. Häufig ist aber vor allem die grobe Struktur und der Wirkzusammenhang der einzelnen Eingangsgrößen von Interesse. Für diesen Zweck bietet sich eine grafische Darstellung der Zusammenhänge an. Dabei werden die Eingangsgrößen als Kreise, die Ausgangsgrößen als Rechtecke und die Wirkbeziehungen als Pfeile dargestellt. Die formelhaften Zusammenhänge der Größen, meist die Messfunktion, können optional neben den Größen angegeben werden. Abb. 5.2 zeigt ein einfaches Beispiel.

Abb. 5.2 Grafische Darstellung eines Modells am Beispiel der kinetischen Energie

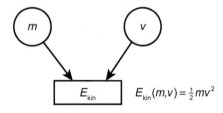

$$E_{kin}(m,v) = \tfrac{1}{2}mv^2$$

5.2 Bestimmung des Modells

Reale Experimentieranordnungen zeichnen sich häufig durch eine Vielzahl unterschiedlicher Eingangsgrößen und Zusammenhänge aus, so dass die Formulierung eines Modells häufig nicht ganz einfach ist. Als zwei Extreme bei der Modellierung können experimentell und theoretisch begründete Modelle unterschieden werden.

Theoretische Modelle auf der einen Seite zeichnen sich dadurch aus, dass sie auf bekannten physikalischen Zusammenhängen aufbauen. Dies ist immer dann möglich, wenn die ablaufenden Prozesse klar erkennbar sind und formelhaft dargestellt werden können. Die oben genannte kinetische Energie $E_{kin}(m, v) = \frac{1}{2}mv^2$ kann klar als Funktion der Masse m und der Geschwindigkeit v eines Objektes beschrieben werden. Auch kann der Widerstand R eines Drahtes klar über $R(U, I) = \frac{U}{I}$ beschrieben werden.

Viele Systeme sind aber zu komplex oder aber nicht hinreichend detailliert bekannt, als dass sie auf diese Art beschrieben werden könnten. Für diese werden auf der anderen Seite experimentelle oder Black-Box-Modelle verwendet. Diese entstehen dadurch, dass das zu modellierende System experimentell untersucht und anschließend versucht wird, die experimentellen Daten durch einen passenden funktionalen Zusammenhang zu beschreiben. Häufig werden zu diesem Zweck Polynome verwendet. Zum Beispiel ist der genaue Aufbau eines Multimeters meist nicht bekannt. Man stellt aber fest oder geht im Regelfall davon aus, ohne es zu überprüfen, dass die angezeigte Spannung proportional zur angelegten Spannung ist. Genauer betrachtet geht man sogar davon aus, dass der Proportionalitätsfaktor zwischen Ein- und Ausgangsgröße 1 ist. Vorsicht ist hier geboten, möchte man das ermittelte Modell auf Werte über den Bereich der experimentellen Untersuchung hinaus extrapolieren. Vor allem bei der Verwendung polynomieller Modelle kann das Verhalten des Modells hier stark vom Verhalten des realen Systems abweichen. Auch hier stößt man an die weiter oben schon erwähnten Grenzen des Modells.

Zwischen diesen zwei Extremen gibt es natürlich eine Vielzahl von Systemen, die sowohl Anteile theoretischer als auch experimenteller Modelle haben. So könnte z. B. die Geschwindigkeit im Falle der kinetischen Energie mit einer Lichtschranke ermittelt worden sein, deren inneren Aufbau man normalerweise nicht weiter betrachtet. Auch ist der Übergang zwischen den zwei Modellarten teilweise fließend.

5.2.1 Teilmodelle

Modelle realer experimenteller Systeme können schnell sehr komplex werden.
Betrachtet man das Beispiel der kinetischen Energie noch einmal etwas genauer, so
stellt man fest, dass dieses im realen Experiment wahrscheinlich noch mehr Eingangsgrößen hat als nur die Masse m und die Geschwindigkeit v. Bei der Bestimmung der Masse muss im einfachsten Fall eine Waage verwendet werden, die über
die gewichtsabhängige Dehnung einer Feder arbeitet. So misst man hier eigentlich
die Dehnung Δl und bestimmt die Masse selbst erst über die Messgleichung

$$m(\Delta l, D, g) = \frac{\Delta l \cdot D}{g} \tag{5.6}$$

mit der Federkonstanten D sowie der Erdbeschleunigung g.

Auch die Geschwindigkeit eines Objektes ist keine Größe, die direkt gemessen werden kann. Meist wird hierfür die Durchgangszeit durch eine Lichtschranke
oder die Ortsänderung in einem Zeitintervall betrachtet. In beiden Fällen wird die
Geschwindigkeit aus einer Zeit (Durchgangszeit oder gewähltes Zeitintervall) und
einer Länge (Größe des Objektes oder Ortsänderung) verwendet. Im ersten Fall
erhält man die Geschwindigkeit dann aus

$$v(\Delta t, b) = \frac{b}{\Delta t} \tag{5.7}$$

mit Δt der Durchgangszeit durch die Lichtschranke und b der Breite des Objektes,
das durch die Lichtschranke geht. Ergänzt man diese Messmethoden im Modell für
die Bestimmung der kinetischen Energie, erhält man das in Abb. 5.3 gezeigte Bild.

Natürlich kann man all diese Anteile in ein großes mathematisches Modell integrieren, welches dann die Ausgangsgröße direkt mit allen beteiligten Eingangsgrößen in Beziehung setzt. Die Unterteilung eines solchen Modells in kleinere Bestand-
teile, die Teilmodelle, bietet sich aber an, um die Übersicht nicht völlig zu verlieren.
Die Ergebnisse der einzelnen Teile werden dann zuerst berechnet und anschließend
mit Hilfe eines weiteren Modells miteinander verrechnet. Abb. 5.4 illustriert den
Zusammenhang zwischen einem Modell und seinen Teilmodellen.

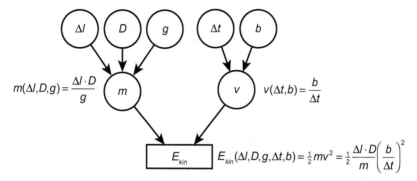

Abb. 5.3 Die grafische Darstellung des Modells zur Bestimmung der kinetischen Energie eines Objektes, dessen Geschwindigkeit über die Durchgangszeit an einer Lichtschranke und dessen Masse m mit einer Federwaage bestimmt wird

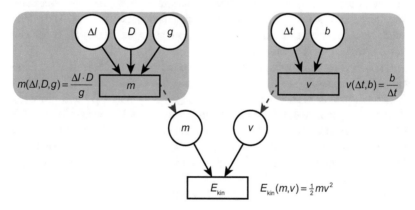

Abb. 5.4 Die grafische Darstellung des Modells zur Bestimmung der kinetischen Energie eines Objektes unterteilt in seine Teilmodelle

5.2.2 Ideale Messung – Prozessgleichung

Alle bisher betrachteten Gleichungen beschreiben zwar eindeutig Modelle. In der Messtechnik fallen diese aber in die Kategorie der sogenannten Prozessgleichungen, weil sie lediglich den idealisierten zugrunde liegenden Prozess der Messung beschreiben. In diesen Modellen wird immer von idealisierten perfekten Messgeräten ausgegangen, und eventuell notwendige Korrekturen werden vernachlässigt. Auch gehen in dieses Modell nur die eigentlichen Messgrößen ein. Weitere

Einflussgrößen wie z. B. die Temperatur eines Maßstabes, die die Länge des Stabes beeinflussen könnte, sind hier ausgenommen. Alle bisher genannten Modelle beschreiben ausschließlich den zugrunde liegenden Prozess.

5.2.3   Reale Messung

Für reale Messungen müssen weitere Eingangsgrößen mit aufgenommen werden, die vor allem Informationen über die Messgeräte oder Messbedingungen beinhalten. Häufig funktionieren Geräte eben nicht perfekt. So kann es z. b. vorkommen, dass der Nullpunkt eines Messinstruments verschoben ist und so systematisch zu viel oder zu wenig angezeigt wird. Auch könnte ein Maßstab z. B. gestreckt oder gestaucht sein, so dass alle gemessenen Werte um einen festen Faktor verändert sind. Informationen über diese eventuell auftretenden systematischen Fehlfunktionen der Messgeräte müssen natürlich in das Modell mit aufgenommen werden. Andernfalls würde man aus den gemessenen Größen (Eingangsgrößen) des Modells auf eine falsche Ausgangsgröße schließen.

Die Messgleichung der Spannungsmessung mit einem Multimeter sollte daher neben der Eingangsspannung U_{in} als Eingangsgröße explizit eine Veränderung δ_s des Proportionalitätsfaktors zwischen angezeigter Spannung U_{anz} und Eingangsspannung U_{in} enthalten, der im realen Fall ja von 1 verschieden sein könnte. Die Eingangsspannung könnte also immer um einen bestimmten Faktor kleiner oder größer sein als die angezeigte Spannung. Eine Verschiebung δ_v des Nullpunkts des Multimeters kann hier auch berücksichtigt werden. Hier können also alle systematischen Abweichungen des Messaufbaus berücksichtigt werden.

So erhält man als Messgleichung des Modells:

$$U_{in} = (U_{anz} \cdot \delta_s) + \delta_v \qquad (5.8)$$

Für die Beurteilung der Messunsicherheit gilt natürlich ebenso, dass all diese Korrekturterme in der Messgleichung nur bis zu einem bestimmten Grad bekannt sind, also ebenfalls eine Messunsicherheit aufweisen. Diese wird sich am Ende auch auf die Messunsicherheit der Ausgangsgröße niederschlagen.

Informationen über diese Korrekturterme finden sich in der Regel in Herstellerangaben des verwendeten Messgerätes. Falls dies nicht der Fall ist, müssen sie geschätzt werden.

5.2.4 Informationen zu Messgeräten

Hersteller von Messgeräten geben im Idealfall (leider nicht immer) die Messunsicherheit ihrer Geräte im mitgelieferten Datenblatt an. Beispielhaft ist in Abb. 5.5 ein Ausschnitt mit Angaben für ein Multimeter gezeigt. Wie sind solche Angaben aber zu interpretieren und in die Modellfunktion zu integrieren?

Dafür benötigt man häufig etwas Hintergrundwissen oder Erfahrung, da viele der Angaben nicht eindeutig sind. In den meisten Fällen wird z. B. angegeben, um welchen Wert der angezeigte Wert X_{anz} maximal vom gemessenen Wert X_{in} abweichen kann. Dabei handelt es sich dann um einen Maximalwert und nicht um eine Standardunsicherheit. In jedem Fall muss die Messfunktion um einen additiven Term δ_X erweitert werden. Es gilt:

$$X_{in}(X_{anz}, \delta_X) = X_{anz} + \delta_X \tag{5.9}$$

Bedeutet die Angabe δ_{Herst} im Datenblatt die Standardunsicherheit, dann ist offensichtlich $\delta_X = 0$ und $u(\delta_X) = \delta_{Herst}$. Bedeutet δ_{Herst} eine Maximalabweichung, muss anders vorgegangen werden. Man nimmt dann für diesen Term ebenfalls einen Wert von null an, für die Verteilung dieses Terms allerdings eine Rechteckverteilung mit der Breite $2\delta_{Herst}$ laut Herstellerangabe, weil nur Maximalwerte für die Abweichung, aber keine Informationen über die Form der Verteilung vorliegen. Die Größe der Standardunsicherheit $u(\delta_X)$ ergibt sich also nach Gl. (3.37) zu

$$u(\delta_X) = \frac{2\delta_{Herst}}{2\sqrt{3}} = \frac{\delta_{Herst}}{\sqrt{3}}. \tag{5.10}$$

Direct voltage, overload protection 250 V

Range	Accuracy	Resolution
200 mV		0.1 mV
2000 mV	±(0.5 % + 8)	1 mV
20 V		0.01 V
200 V		0.1 V
250 V	±(0,8 % + 8)	1 V

Abb. 5.5 Ausschnitt aus dem Datenblatt eines Multimeters mit Angaben zur Genauigkeit des angezeigten Wertes (aus Conrad Electronic SE 2014). Nähere Erläuterungen im Text

Man erhält also eine um den Faktor $\frac{1}{\sqrt{3}}$ kleinere Unsicherheit, wenn die Angabe die Maximalabweichung bedeutet.

Eine maximale Messabweichung wird vom Hersteller entweder als Absolutwert (z. B. $\pm 0{,}02\,\mathrm{V}$) oder in Form eines Prozentwerts (z. B. $0{,}02\,\%$) angegeben. Bei einem Prozentwert sollte immer vermerkt sein, auf welche Größe sich die Angabe bezieht – auf den angezeigten Wert oder auf den größten anzeigbaren Wert. Auch diese Angabe fehlt leider manchmal.

Als Beispiel soll eine Messung im 20-V-Bereich des Multimeters betrachtet werden, dessen Spezifikationen in Abb. 5.5 gezeigt sind. Auch hier wird eine mögliche Verschiebung des Messwertes angegeben. Das Modell hat also die in Abb. 5.6 gezeigte Form. Da keine weiteren Angaben gemacht sind, ob unter „Accuracy" die maximale Abweichung oder die Standardunsicherheit aufgeführt ist, ist in aller Regel davon auszugehen, dass diese Angabe die maximale Abweichung, das heißt die halbe Breite $\frac{b}{2}$ einer Rechteckverteilung angibt.

Auch finden sich in unserem Beispiel keine genauen Angaben, worauf sich die prozentuale Angabe bei „Accuracy" bezieht. Da keine Angabe vorliegt, sollte die größere Bezugsgröße, also der gesamte Messbereich, verwendet werden. Ebenso kann nur angenommen werden, dass sich der zusätzliche Absolutwert auf die Schrittweite („Resolution") bezieht.

Bei der Verwendung des 20-V-Bereiches erhält man so eine Standardunsicherheit des Korrekturterms hervorgerufen durch das Messgerät von

$$u(\delta_U) = \left(0{,}5\,\% \cdot \frac{1}{100\,\%} \cdot 20\,\mathrm{V} + 8 \cdot 0{,}01\,\mathrm{V}\right) \cdot \frac{1}{\sqrt{3}} \tag{5.11}$$

$$= (0{,}1\,\mathrm{V} + 0{,}08\,\mathrm{V}) \cdot \frac{1}{\sqrt{3}} \tag{5.12}$$

$$= 0{,}10\,\mathrm{V}. \tag{5.13}$$

Das Modell muss also zusätzlich eine Verschiebung der Messwerte um

$$\delta_U = 0{,}00(10)\,\mathrm{V} \tag{5.14}$$

Abb. 5.6 Grafische Darstellung des Modells eines Multimeters mit möglicher Messabweichung δ_U

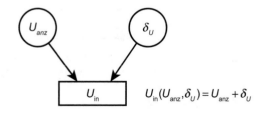

Tab. 5.1 Aufstellung gebräuchlicher Abkürzungen bei der Angabe der Genauigkeit von Messgeräten. (In Anlehnung an Pesch 2004)

Abkürzung		Bedeutung
Deutsch	Englisch	
Mbe	FS	In Bezug auf den Endwert der Messbereichs (bzw. **Full Scale**)
v. E.		In Bezug auf den Endwert der Messbereichs (**vom Endwert**)
v. M.	o. R.	In Bezug auf den Anzeigewert (**vom Messwert** bzw. **of Reading**)
	MPE	Größtmögliche Abweichung (**Maximum permissible Error**)
	wig	Verwenden Sie die größere der zwei Angaben. Teilweise werden zwei Angaben (z. B. prozentual und absolut) gemacht. (**whichever is greater**)

enthalten. Für die Unsicherheit allein aus dem Ablesen der digitalen Anzeige in diesem Messbereich findet man zum Vergleich

$$u(U) = \frac{0,01 \, \text{V}}{2\sqrt{3}} = 0,0029 \, \text{V}. \tag{5.15}$$

Wie man diese zwei Informationen zu einer Angabe zur Unsicherheit des gemessenen Wertes kombiniert, ist Inhalt von Kap. 6.

Vielfach werden zur Angabe der Messabweichung eines Messgerätes Abkürzungen verwendet. Eine kurze Übersicht findet sich in Tab. 5.1.

Für das Beispiel des Multimeters müsste es nach der oben verwendeten Interpretation unter „Accuracy" lauten: $\pm(0,5\,\% \, \text{FS} + 8 \, \text{Digits})$.

5.3 Beispiel

Die Schwingungsdauer eines Pendels hängt von dessen Länge L und der Größe der Erdbeschleunigung g ab. So kann man zur Bestimmung von g ein Pendel verwenden, wenn man dessen Länge und Schwingungsdauer kennt. Die Länge L soll hier mit einem Maßstab sowie die Zeit T_{20} als Dauer von 20 Schwingungen mit einer Stoppuhr gemessen werden. Die grafische Darstellung des Modells ist in Abb. 5.7 zu finden. Die Prozessgleichung dieses Verfahrens lautet dann

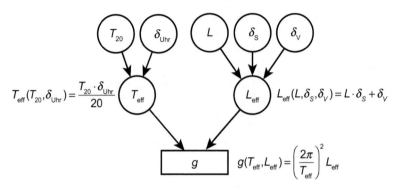

Abb. 5.7 Grafische Darstellung des Modells zur Bestimmung der Erdbeschleunigung

$$g = \left(\frac{2\pi}{T}\right)^2 \cdot L = \left(\frac{2\pi}{\frac{T_{20}}{20}}\right)^2 \cdot L. \tag{5.16}$$

Für das Beispiel wird angenommen, dass T_{20} in einer Messreihe 50-mal bestimmt wurde. Die Unsicherheit enthält so bereits die eventuell schwankende Reaktionszeit des Experimentators. Aufgrund von Kalibriermessungen weiß man, dass die Uhr um einen Faktor zu langsam geht. Diese systematische Abweichung muss korrigiert werden. Ein Faktor δ_{Uhr} korrigiert dies, um so die tatsächliche Zeit zu erhalten (Typ A, Normalverteilung).

L wird mit einem Maßstab bestimmt (Typ B, Dreiecksverteilung geschätzt). Für diese Messung sollen als weitere Unsicherheitsquellen eine Verschiebung des Nullpunkts der gesamten Skala beim Anlegen, die durch einen Summanden δ_V korrigiert wird (Typ B, Rechteckverteilung geschätzt) sowie eine herstellungsbedingte Streckung oder Stauchung der Skala des Maßstabs betrachtet werden. Diese muss wieder durch eine Veränderung des Proportionalitätsfaktors zwischen abgelesener Größe und tatsächlicher Länge mit aufgenommen werden (Typ B, Rechteckverteilung geschätzt). Der Einfluss all dieser Größen wird durch die Messfunktion beschrieben. Die Messgleichung lautet damit:

$$g = \left(\frac{2\pi}{T_{\text{eff}}}\right)^2 \cdot L_{\text{eff}} \tag{5.17}$$

$$= \left(\frac{2\pi \cdot 20}{T_{20} \cdot \delta_{\text{Uhr}}}\right)^2 \cdot (L \cdot \delta_S + \delta_V) \tag{5.18}$$

Tab. 5.1 Aufstellung gebräuchlicher Abkürzungen bei der Angabe der Genauigkeit von Messgeräten. (In Anlehnung an Pesch 2004)

Abkürzung		Bedeutung
Deutsch	Englisch	
Mbe	FS	In Bezug auf den Endwert der Messbereichs (bzw. **Full Scale**)
v. E.		In Bezug auf den Endwert der Messbereichs (**vom Endwert**)
v. M.	o. R.	In Bezug auf den Anzeigewert (**vom Messwert** bzw. **of Reading**)
	MPE	Größtmögliche Abweichung (**Maximum permissible Error**)
	wig	Verwenden Sie die größere der zwei Angaben. Teilweise werden zwei Angaben (z. B. prozentual und absolut) gemacht. (**whichever is greater**)

enthalten. Für die Unsicherheit allein aus dem Ablesen der digitalen Anzeige in diesem Messbereich findet man zum Vergleich

$$u(U) = \frac{0{,}01 \, \text{V}}{2\sqrt{3}} = 0{,}0029 \, \text{V}. \tag{5.15}$$

Wie man diese zwei Informationen zu einer Angabe zur Unsicherheit des gemessenen Wertes kombiniert, ist Inhalt von Kap. 6.

Vielfach werden zur Angabe der Messabweichung eines Messgerätes Abkürzungen verwendet. Eine kurze Übersicht findet sich in Tab. 5.1.

Für das Beispiel des Multimeters müsste es nach der oben verwendeten Interpretation unter „Accuracy" lauten: ±(0,5 % FS + 8 Digits).

5.3 Beispiel

Die Schwingungsdauer eines Pendels hängt von dessen Länge L und der Größe der Erdbeschleunigung g ab. So kann man zur Bestimmung von g ein Pendel verwenden, wenn man dessen Länge und Schwingungsdauer kennt. Die Länge L soll hier mit einem Maßstab sowie die Zeit T_{20} als Dauer von 20 Schwingungen mit einer Stoppuhr gemessen werden. Die grafische Darstellung des Modells ist in Abb. 5.7 zu finden. Die Prozessgleichung dieses Verfahrens lautet dann

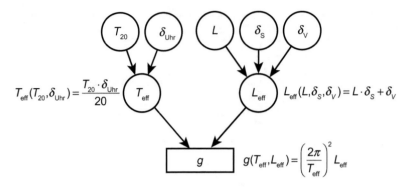

Abb. 5.7 Grafische Darstellung des Modells zur Bestimmung der Erdbeschleunigung

$$g = \left(\frac{2\pi}{T}\right)^2 \cdot L = \left(\frac{2\pi}{\frac{T_{20}}{20}}\right)^2 \cdot L. \tag{5.16}$$

Für das Beispiel wird angenommen, dass T_{20} in einer Messreihe 50-mal bestimmt wurde. Die Unsicherheit enthält so bereits die eventuell schwankende Reaktionszeit des Experimentators. Aufgrund von Kalibriermessungen weiß man, dass die Uhr um einen Faktor zu langsam geht. Diese systematische Abweichung muss korrigiert werden. Ein Faktor δ_{Uhr} korrigiert dies, um so die tatsächliche Zeit zu erhalten (Typ A, Normalverteilung).

L wird mit einem Maßstab bestimmt (Typ B, Dreiecksverteilung geschätzt). Für diese Messung sollen als weitere Unsicherheitsquellen eine Verschiebung des Nullpunkts der gesamten Skala beim Anlegen, die durch einen Summanden δ_V korrigiert wird (Typ B, Rechteckverteilung geschätzt) sowie eine herstellungsbedingte Streckung oder Stauchung der Skala des Maßstabs betrachtet werden. Diese muss wieder durch eine Veränderung des Proportionalitätsfaktors zwischen abgelesener Größe und tatsächlicher Länge mit aufgenommen werden (Typ B, Rechteckverteilung geschätzt). Der Einfluss all dieser Größen wird durch die Messfunktion beschrieben. Die Messgleichung lautet damit:

$$g = \left(\frac{2\pi}{T_{\text{eff}}}\right)^2 \cdot L_{\text{eff}} \tag{5.17}$$

$$= \left(\frac{2\pi \cdot 20}{T_{20} \cdot \delta_{\text{Uhr}}}\right)^2 \cdot (L \cdot \delta_S + \delta_V) \tag{5.18}$$

5.4 Zusammenfassung und Fragen

5.4.1 Zusammenfassung

Mathematische Modelle dienen dazu, im Experiment beobachtete Zusammenhänge zwischen physikalischen Größen formelhaft abzubilden. Dabei werden immer nur Ausschnitte des beobachteten Systems mit in das Modell aufgenommen und/oder Idealisierungen vorgenommen. So können die verwendeten mathematischen Formeln nur in einem bestimmten Bereich zu den Ergebnissen passende Vorhersagen liefern.

Innerhalb des Gültigkeitsbereichs des Modells liefert dieses aber über die Messgleichung eine Verknüpfung zwischen den gemessenen Größen, also den Eingangsgrößen der Messfunktion, und (in der Regel) einer Ausgangsgröße. Letztere ist in vielen Fällen messtechnisch nicht direkt zugänglich, kann aber über die Messfunktion berechnet werden.

Die Messfunktion sollte zur vollständigen Beschreibung des Messvorganges alle relevanten Einflussgrößen des Systems enthalten, um deren Einfluss auf die Ausgangsgröße zu beschreiben. Dazu gehören z. B. auch die Genauigkeiten der verwendeten Messinstrumente oder für die Korrektur von systematischen Abweichungen verwendete Parameter.

5.4.2 Fragen

1. Ist das Modell eines neuen Hauses ein Modell im Sinne der Messtechnik?
2. Wozu werden mathematische Modelle bei der Betrachtung von Messergebnissen verwendet?
3. Welche Anteile des Systems sind in Prozessgleichungen nicht enthalten?
4. Welche Verteilung nehmen Sie an, wenn bei einem Messgerät lediglich eine Angabe zur maximalen Abweichung gemacht wird?
5. In der Bedienungsanleitung eines Messgerätes finden Sie die Angabe
   1,5 % o. R. or 3 Digits wig.
   a) Wie würden Sie diese Angabe interpretieren?
   b) Welche absolute Unsicherheit durch das Messgerät würden Sie also bei einem abgelesenen Wert von 123 mA annehmen?

Kombination von Messergebnissen

6

Inhaltsverzeichnis

Bisher wurden nur Unsicherheiten betrachtet, die mit der Bestimmung einer einzelnen physikalischen Größe zusammenhängen. Oft sind physikalische Größen aber nicht direkt messbar, sondern nur auf dem Umweg über die Messung anderer Größen, mit denen ein formelmäßiger Zusammenhang, ein mathematisches Modell, bekannt ist. Manchmal ist es auch einfach nur praktischer, diesen Weg zu gehen, selbst wenn eine direkte Messung prinzipiell möglich wäre. Dabei sind zwei unterschiedliche Wege zu unterscheiden.

Zum einen kann das mathematische Modell primär als Gleichung interpretiert werden. Um die Ausgangsgröße zu erhalten, werden Messungen der Eingangsgrößen gemacht und dann mit Hilfe der Modellgleichung die Ausgangsgröße berechnet. Zentral ist hierbei, dass die Eingangsgrößen möglichst stabil gehalten werden. Nimmt man z. B. das Ohm'sche Gesetz $R = \frac{U}{I}$, so würde man zur Bestimmung des Widerstandes die Spannung möglichst genau und schwankungsarm einstellen, den Strom möglichst genau messen und aus dem Quotienten den Widerstand berechnen. Mit diesem Ansatz beschäftigt sich dieses Kapitel.

Zum anderen kann das mathematische Modell als Funktion interpretiert werden. Um die gesuchte Größe zu bestimmen, wird eine Eingangsgröße variiert und die zugehörigen Ausgangsgrößen gemessen. Im Rahmen einer sogenannten Anpassung kann dann die Größe gesucht werden, mit der das Modell den Zusammenhang von Ausgangs- und Eingangsgröße bestmöglich beschreibt. Für die Widerstandsbestimmung über das Ohm'sche Gesetz in der Form $I(U) = \frac{1}{R}U$ bedeutet das, dass jeweils

© Springer-Verlag GmbH Deutschland, ein Teil von Springer Nature 2020
P. Möhrke und B.-U. Runge, *Arbeiten mit Messdaten*,
https://doi.org/10.1007/978-3-662-60660-5_6

Paare von angelegter Spannung und resultierender Stromstärke gemessen werden, um dann im Rahmen der Anpassung den Wert für den Widerstand R zu bestimmen, der den funktionalen Zusammenhang bestmöglich beschreibt. Mit diesem Ansatz beschäftigt sich Kap. 7.

Bei beiden Verfahren wird aber mit zwei oder mehr Messergebnissen gearbeitet, die mit einer gewissen Messunsicherheit versehen sind. Die Unsicherheit der Eingangsgrößen wird unweigerlich dazu führen, dass auch die resultierende Ausgangsgröße eine gewisse Unsicherheit aufweist.

Die quantitative Bestimmung dieser Unsicherheit bzw. genauer die Bestimmung der Wahrscheinlichkeitsdichtefunktion der Ausgangsgröße ist eine wichtige Aufgabe im Rahmen der Messunsicherheitsanalyse. Zur Berechnung ist es nötig, die Verteilungen der Eingangsgrößen und der Ausgangsgröße genauer zu betrachten.

6.1 Funktionen einer Variable

Die grundlegende Idee, wie sich die Unsicherheiten der Eingangsgrößen auf die Ausgangsgröße eines Modells auswirken, kann sehr gut an dem noch sehr einfachen Fall eines Modells mit nur einer Eingangsgröße veranschaulicht werden. Dies kann z. B. der Zusammenhang zwischen dem Radius einer perfekten Kugel und deren Volumen oder zwischen der Länge einer gelaufenen Strecke und der Anzahl perfekt gleich langer Schritte sein.

6.1.1 Berechnung der Verteilung

Berechnet man mit Hilfe der Modellgleichung aus einer Größe $\tilde{a}$ eine neue Größe $\tilde{b} = f(\tilde{a})$, so folgt die Form und Breite der Verteilung $\mathrm{pdf}_{\tilde{b}}$ für die Größe $\tilde{b}$ aus der Verteilung $\mathrm{pdf}_{\tilde{a}}$ der Eingangsgröße $\tilde{a}$ sowie der Modellgleichung. Aus der Forderung, dass für die Wahrscheinlichkeit gelten muss:

$$\left| \mathrm{pdf}_{\tilde{b}}(b) \cdot \mathrm{d}b \right| = \left| \mathrm{pdf}_{\tilde{a}}(a) \cdot \mathrm{d}a \right|, \qquad (6.1)$$

kann für monotone Funktionen hergeleitet werden, dass

$$\mathrm{pdf}_{\tilde{b}}(b) = \left| \frac{\mathrm{d}a}{\mathrm{d}b} \right| \cdot \mathrm{pdf}_{\tilde{a}}(a) \qquad (6.2)$$

$$= \left| \frac{\mathrm{d}}{\mathrm{d}b} \left(f^{-1}(b) \right) \right| \cdot \mathrm{pdf}_{\tilde{a}} \left(f^{-1}(b) \right). \qquad (6.3)$$

Auch wenn die Unterscheidung zwischen einer Größe $\tilde{a}$ und der Ausprägung a dieser Größe bisher nicht explizit gemacht wurde und auch nicht nötig war, muss hier an einigen Stellen diese Unterscheidung gemacht werden. $\mathrm{pdf}_{\tilde{b}}(b)$ ist so als die Wahrscheinlichkeitsdichtefunktion der Größe $\tilde{b}$ für den Wert b zu lesen. Dies könnte z. B. $\mathrm{pdf}_{\tilde{m}}(5\,\mathrm{g})$ sein, also der Wert der Wahrscheinlichkeitsdichtefunktion der Masse $\tilde{m}$ für die Masse 5 g. Eine in vielen Büchern gebräuchliche Unterscheidung zwischen einer Größe und deren Ausprägung ist die Verwendung von großen bzw. kleinen Buchstaben. Da für Formelzeichen in der Physik allerdings sowohl Groß- als auch Kleinbuchstaben verwendet werden, ist diese Schreibweise für physikalische Größen nicht praktikabel.

Der Wert der Wahrscheinlichkeitsdichtefunktion von $\tilde{b}$ an der Stelle b ist also gleich dem Wert der Wahrscheinlichkeitsdichtefunktion von $\tilde{a}$ an der Stelle a mal der Steigung der Umkehrfunktion f^{-1} des Modells an der Stelle b. Im praktischen Gebrauch bei der Berechnung von Unsicherheiten spielt diese Formel allerdings nur eine untergeordnete Rolle, weil meist keine analytische Berechnung der Wahrscheinlichkeitsdichtefunktion vorgenommen wird.

Wurde für die Größe $\tilde{a}$ eine Messreihe angefertigt, so erhält man die Verteilung von $\tilde{b}$ direkt dadurch, dass man für jedes Ergebnis der Einzelmessungen die Ausgangsgröße berechnet. Für wenige Punkte und zwei einfache lineare Zusammenhänge von Ein- und Ausgangsgröße mit lediglich unterschiedlicher Steigung ist dies in Abb. 6.1 gezeigt. Sehr gut zu erkennen ist, dass eine größere Steigung der Messfunktion bei gleicher Streuung der Eingangsgröße in einer größeren Streuung

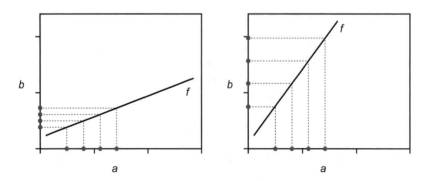

Abb. 6.1 Im linken und rechten Bild sind jeweils die Eingangsgröße $\tilde{a}$ auf der horizontalen Achse und die Ausgangsgröße $\tilde{b}$ auf der vertikalen Achse aufgetragen. Aufgrund der unterschiedlichen Steigung der Messfunktion f ist die Streuung der Ausgangsgröße unterschiedlich, obwohl die markierten Werte der Eingangsgröße in beiden Fällen gleich sind

der Ausgangsgröße resultiert. Der relative Abstand der Werte der Eingangsgröße bleibt auch bei der Ausgangsgröße erhalten. Die Form der Wahrscheinlichkeitsverteilung bleibt so auch erhalten.

Wurde die Verteilung der Eingangsgröße nach Typ B geschätzt, ist es etwas schwieriger, die Verteilung der Ausgangsgröße zu erhalten. Eine Berechnung der Verteilung „per Hand" ist hier leider nicht möglich. In diesem Fall kann neben der analytischen Lösung das sogenannte Monte-Carlo-Verfahren verwendet werden, um die Verteilung der Ausgangsgröße numerisch zu berechnen. Bei diesem numerischen Verfahren werden zufällige Werte für die Eingangsgröße erzeugt, die in ihrer Häufigkeit der geschätzten Wahrscheinlichkeitsverteilung folgen. Für jeden dieser Werte wird dann über die Modellgleichung die Ausgangsgröße berechnet. Für dieses Verfahren gibt es spezielle Software, die in kurzer Zeit mehrere Millionen Zufallszahlen erzeugt und daraus die Ausgangsgröße berechnet.

Ist die Steigung im Bereich möglicher Werte der Eingangsgröße nicht konstant, kommt es neben der Streckung der Verteilung auch zu einer Veränderung der Form. In Abb. 6.2 ist als Beispiel eine hyperbelförmige Messfunktion gezeigt, wie sie bei bei der Bestimmung der Kreisfrequenz ω aus der Periodendauer T nach

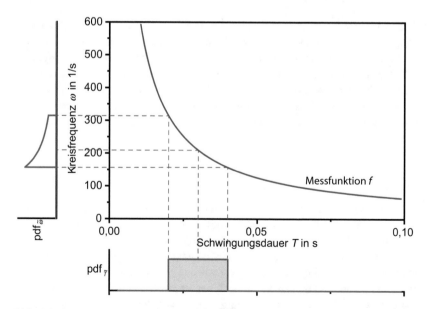

Abb. 6.2 Zusammenhang der Verteilung der Kreisfrequenz ω mit der Verteilung der Periodendauer T. Während der Erwartungswert für T sicher in der Mitte der Verteilung liegt, wird der Erwartungswert für ω eher in der unteren Hälfte liegen

$$\omega(T) = \frac{2\pi}{T} \qquad (6.4)$$

auftritt.

Vergleicht man die rechteckige Form der Verteilung der Eingangsgröße T mit der Form der Verteilung der Ausgangsgröße ω, so ist die Verformung klar zu erkennen. Dass es zu einer Verformung kommen muss, wird schnell klar, wenn man bedenkt, dass die Gesamtwahrscheinlichkeit links und rechts des mittleren Wertes gleich groß sein muss, der eine Bereich durch die Stauchung aber schmaler als der andere wird.

Aus der Verteilung der Ausgangsgröße können dann in einem letzten Schritt die Kennwerte wie Mittelwert und Unsicherheit berechnet und zusammenfassend als Ergebnis angegeben werden. Eine mögliche Asymmetrie dieser Verteilung wird hierbei nicht mit angegeben, könnte aber über die Angabe eines Überdeckungsintervalls (vgl. Abschn. 4.3.1) berücksichtigt werden.

6.1.2 Lineare Näherung für die Unsicherheit der Ausgangsgröße

Auch wenn das Wissen um die Wahrscheinlichkeitsverteilung der gesuchten Ausgangsgröße die vollständige und beste Information über eine Messung widerspiegelt, reicht es in vielen Fällen aus, nur mit den Kenngrößen der Eingangsgrößen (Mittelwert und Standardunsicherheit) zu arbeiten und über eine Näherung die Kenngrößen der Ausgangsgrößen zu berechnen.

Als Beispiel soll hier noch einmal die Kreisfrequenzbestimmung anhand der Messung der Periodendauer T verwendet werden. Die Modellgleichung für diese Messung lautet

$$\omega(T) = \frac{2\pi}{T}. \qquad (6.5)$$

Wie oben schon gezeigt wurde, ergibt sich der Wert von ω_0 für eine bestimmte Periodendauer T_0, die z. B. als Mittelwert einer Messreihe bestimmt wurde, als einfacher Funktionswert der Messfunktion an der Stelle T_0.

Zur Bestimmung der Unsicherheit wird eine lineare Näherung der Messfunktion vorgenommen. Es wird also statt der eigentlichen Messfunktion $\omega(T)$ die Tangente $t(T)$ an die Messfunktion an der Stelle T_0 verwendet (siehe Abb. 6.3). Diese unterscheidet sich in der Nähe der Stelle T_0 nur wenig von der Messfunktion selbst. Die Funktionsgleichung der Tangente lautet

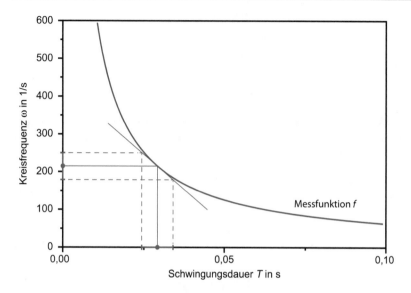

Abb. 6.3 Zur Erklärung der Nutzung der Ableitung bei der Berechnung der kombinierten Messunsicherheit über die Tangente an die Messfunktion. Gezeichnet ist die Tangente sowie der Mittelwert und die Standardunsicherheit für Periodendauer und Frequenz analog zum Beispiel in Abb. 6.2

$$t(T) = \omega(T_0) + \frac{\mathrm{d}\omega}{\mathrm{d}T}\bigg|_{T_0} \cdot (T - T_0) = \frac{2\pi}{T_0} - \frac{2\pi}{T_0^2} \cdot (T - T_0). \qquad (6.6)$$

Die senkrechte Linie soll dabei andeuten, dass die Ableitung an der Stelle T_0 ausgewertet wird.

Zur Berechnung der Unsicherheit der Kreisfrequenz ω_0 kann man so direkt aus der Unsicherheit der Eingangsgröße (hier Periodendauer T) und über die Funktionsvorschrift für die lineare Näherung die Unsicherheit der Ausgangsgröße (hier Kreisfrequenz ω) berechnen. Dabei wird die Betragsfunktion verwendet, um zu verhindern, dass das Vorzeichen der Unsicherheit negativ wird:

$$u(\omega_0) = |(\omega_0 + u(\omega_0)) - \omega_0|$$
$$\approx |t\ (T_0 + u(T_0)) - \omega_0|$$
$$= \left| \left(\frac{2\pi}{T_0} - \frac{2\pi}{T_0^2} \cdot (T_0 + u(T_0) - T_0) \right) - \frac{2\pi}{T_0} \right|$$

$$= \left| -\frac{2\pi}{T_0^2} \right| \cdot u(T_0)$$

$$= \left| \frac{d\omega}{dT} \right|_{T_0} \cdot u(T_0) \tag{6.7}$$

An Stelle der Betragsfunktion kann auch die Quadratwurzel aus dem Quadrat verwendet werden, so dass die Unsicherheit der Ausgangsgröße allgemein wie folgt berechnet werden kann:

$$u(b_0) = \left| \frac{db}{da} \right|_{a_0} \cdot u(a_0), \tag{6.8}$$

oder

$$u(b_0) = \sqrt{\left(\frac{db}{da} \Big|_{a_0} \right)^2 \cdot u(a_0)} \tag{6.9}$$

wobei

$$b_0 = b(a_0) \tag{6.10}$$

gilt. Die Unsicherheit der Ausgangsgröße ist also nichts anderes als das Produkt aus der Unsicherheit der Eingangsgröße mit der Ableitung der Messfunktion beim Wert der Eingangsgröße. Je nach Größe der Ableitung führt so ein und dieselbe Unsicherheit der Eingangsgröße zu unterschiedlich großen Unsicherheiten der Ausgangsgröße. Die Ableitung gibt an, wie empfindlich die Ausgangsgröße auf Änderungen der Eingangsgröße reagiert, und wird daher auch als Empfindlichkeitskoeffizient bezeichnet.

Beispiel 1 – Briefwaage
Als Beispiel soll die Minibriefwaage in Abb. 6.4 betrachtet werden, bei der die Masse m des an der Klemme befestigten Briefes durch eine Drehung der Waage um den Winkel α angezeigt wird. Der Drehwinkel hängt in eindeutiger Weise von der angehängten Masse ab, ist zu dieser aber nicht proportional, wie man an der Skala deutlich erkennen kann. Ohne eine konkrete Formel für $\alpha(m)$ anzugeben, kann auf jeden Fall gesagt werden, dass der Empfindlichkeitskoeffizient $\frac{\partial \alpha}{\partial m}$ in diesem Fall nicht konstant ist, sondern von m selbst abhängt.

Abb. 6.4 Minibriefwaage
mit deutlich sichtbarer
Nichtlinearität der Skala.
Bei größeren Massen ändert
sich der Ausschlag bei einer
Schwankung der Masse
weniger stark als bei
kleineren Massen

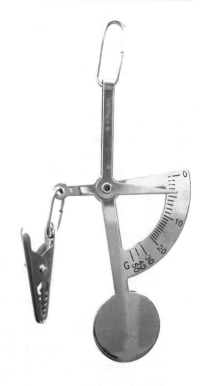

Beispiel 2 – Volumen einer Kugel

Möchte man das Volumen einer Kugel aus der Messung des Durchmessers bestimmen, so findet man unter der Annahme, dass die Kugel perfekt rund ist, folgende Messgleichung:

$$V(r) = \frac{4}{3}\pi \cdot r^3 \qquad (6.11)$$

Die Ableitung des Volumens (Ausgangsgröße) nach dem Radius (Eingangsgröße) lautet

$$\frac{\mathrm{d}V}{\mathrm{d}r} = 4\pi \cdot r^2, \qquad (6.12)$$

und für die Unsicherheit des Volumens für einen Radius r folgt so

$$u_c(V) = \frac{dV}{dr} \cdot u(r)$$
$$= 4\pi \cdot r^2 \cdot u(r). \tag{6.13}$$

Bestimmt man den Radius mit einer Standardunsicherheit von $u(r) = 0,20$ mm, so kann man daraus das Volumen berechnen:

- Für einen Radius von $3,00(20)$ mm erhält man ein Volumen von

$$V_1 = 113(23)\,\text{mm}^3. \tag{6.14}$$

- Für einen Radius von $6,00(20)$ mm erhält man hingegen ein Volumen von

$$V_2 = 905(91)\,\text{mm}^3. \tag{6.15}$$

Trotz gleicher Unsicherheit im Radius wächst mit wachsendem Radius also auch die Unsicherheit des Volumens, was in der zunehmenden Steigung der Messfunktion begründet liegt. Dieser Effekt wird auch sehr gut in der Darstellung des Volumens in Abhängigkeit vom Radius klar (Abb. 6.5).

Berechnet man das Volumen für dieselben Werte von r und der Annahme einer Gauß-Verteilung für die Eingangsgrößen mit Hilfe einer Monte-Carlo-Simulation, so erhält man folgende probabilistisch symmetrischen Überdeckungsintervalle für die einfache Unsicherheit:

$$V_1 \; : \; [92\,\text{mm}^3; 137\,\text{mm}^3]_{P=68,3\,\%}$$

und

$$V_2 \; : \; [818\,\text{mm}^3; 998\,\text{mm}^3]_{P=68,3\,\%}$$

Vergleicht man mit der oberen und unteren Grenze des Intervalls aus der linearen Näherung, dann stellt man kleine Unterschiede fest. Auch stellt man fest, dass der Unterschied bei der oberen bzw. unteren Grenze wiederum verschieden groß ausfällt.

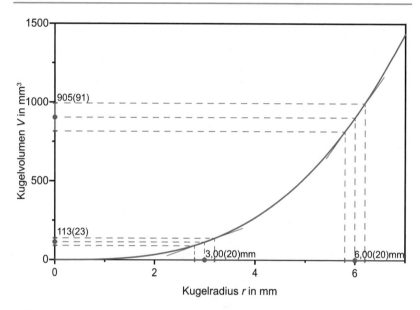

Abb. 6.5 Messfunktion des Kugelvolumens in Abhängigkeit vom Radius. Die gleiche Unsicherheit im Radius für zwei unterschiedliche Radien führt aufgrund der anderen Steigung/Ableitung der Messfunktion zu einer anderen Unsicherheit im Kugelvolumen

6.2   Funktionen mehrerer Variablen

Betrachtet man die Ausgangsgrößen von Modellen mit mehr als einer Eingangsgröße, so können viele Erkenntnisse des vorherigen Abschnitts übernommen werden. Auch hier gehen die Verteilungen der Eingangsgrößen sowie die Messfunktion und insbesondere deren Steigung mit ein. Zusätzlich muss bei mehr als einer Größe aber auch noch betrachtet werden, ob die Ergebnisse dieser Größen unabhängig voneinander sind. Dieser Aspekt soll zunächst an einem einfachen Beispiel veranschaulicht werden.

Dafür soll die Summe S von zwei aufeinanderfolgenden Würfelergebnissen W_1 und W_2 eines sechsseitigen Würfels betrachtet werden. Die Modellgleichung lautet in diesem Fall

$$S(W_1, W_2) = W_1 + W_2. \tag{6.16}$$

Die Verteilungen des ersten und des zweiten Wurfes sind einfach Gleichverteilungen der möglichen Augenzahlen von 1 bis 6. Diese ist noch einmal in Abb. 6.6 dargestellt. Im Vergleich zu Messergebnissen sind beim Würfeln nur diskrete Ergebnisse möglich, weshalb nur diskrete Einzelwahrscheinlichkeiten entstehen und keine kontinuierliche Wahrscheinlichkeitsdichtefunktion.

Sind die zwei Würfelergebnisse völlig unabhängig voneinander, was bei ungezinkten Würfeln zu erwarten ist, kann man über die möglichen Kombinationen aus erstem und zweitem Wurf die Wahrscheinlichkeiten für verschiedene Summen der Würfelergebnisse berechnen. Hat man z. B. im ersten Wurf eine 2 gewürfelt, so sind beim zweiten Wurf immer noch alle Ergebnisse von 1 bis 6 gleich wahrscheinlich und damit Summen von 3 bis 8 möglich. Geht man dies für alle Kombinationen durch, entsteht die Verteilung, wie sie in Abb. 6.7 zusammenfassend dargestellt ist. Um eine Summe von 5 zu erhalten, kann man z. B. eine 1 und eine 4, eine 2 und eine 3, eine 3 und eine 2 sowie eine 4 und eine 1 gewürfelt haben. Allgemein könnte man für die Wahrscheinlichkeit p, eine bestimmte Summe n zu erhalten, schreiben

$$P(n) = \sum_{i=1}^{6} p(i) \cdot p(n - i), \qquad (6.17)$$

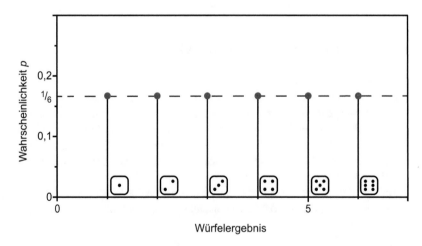

Abb. 6.6 Häufigkeitsverteilung der Ergebnisse beim Würfeln mit einem idealen sechsseitigen Würfel. Alle Ergebnisse sind gleich häufig, wodurch sich eine Gleichverteilung ergibt

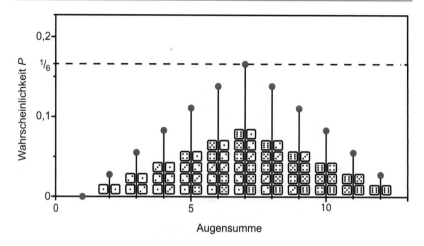

Abb. 6.7 Häufigkeitsverteilung der Summe der Ergebnisse bei zweimaligem Würfeln. Die Ergebnisse der zwei Würfe seien vollständig unkorreliert (unabhängig)

wobei die Wahrscheinlichkeit $p(j)$ für alle $j < 0$ und $j > 6$ null ist. Die einzelnen Produkte werden dabei immer für Ergebnisse gebildet, deren Augensumme gleich $(i) + (n - i) = n$ ist. Die Wahrscheinlichkeit, eine Summe von 5 zu erhalten, liegt also mit $p(j) = \frac{1}{6}$ bei

$$P(5) = p(1) \cdot p(5 - 1) + p(2) \cdot p(5 - 2) + p(3) \cdot p(5 - 3) + p(4) \cdot p(5 - 4)$$

$$= 4 \cdot \frac{1}{36} \tag{6.18}$$

$$= \frac{1}{9}, \tag{6.19}$$

wobei nur die Summanden aufgeführt wurden, die nicht null sind.

Die Verteilung im Falle dieser zwei unabhängigen – man spricht auch von unkorrelierten – Ergebnisse ist keine Gleichverteilung mehr, sondern hat Dreiecksform mit einem Maximum für eine Augensumme von 7. Die Kombination von Messergebnissen führt also auch zu einer Veränderung der Verteilungsform im Vergleich zu den Verteilungen der Eingangsgrößen. Auch die Breite der Verteilung, ohne sie an dieser Stelle genau zu berechnen, ist weder so groß wie die Verteilungen der Eingangsgrößen, noch ist sie einfach doppelt so groß.

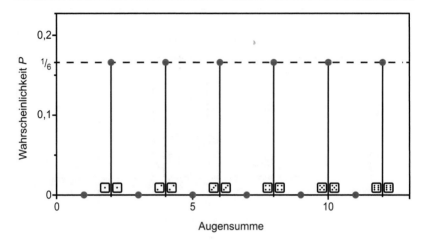

Abb. 6.8 Häufigkeitsverteilung der Summe der Ergebnisse bei zweimaligem Würfeln. Die Würfel wurden in einer Art beeinflusst, dass das zweite Ergebnis immer gleich dem ersten ist und eine maximale Korrelation vorliegt

Was passiert aber, wenn die zwei Ergebnisse stark voneinander abhängen? Hat dies Auswirkungen auf die Form der Verteilung?

Nimmt man für einen Extremfall an, dass die Würfel in einer Art beeinflusst werden, dass das zweite Würfelergebnis immer gleich dem ersten ist. Die Verteilung der Summen sieht in diesem Fall ganz anders aus als im Fall unkorrelierter Ergebnisse (vgl. Abb. 6.8). So weist sie z. B. kein Maximum mehr auf und ihre Standardabweichung ist viel größer.

Zwischen diesen zwei Extremfällen sind natürlich auch Fälle denkbar, in denen zwar ein Zusammenhang der Ergebnisse besteht, dieser aber nicht so stark ist wie im zweiten Beispiel.

Um ein Maß für den Grad der Korrelation zweier Größen zu haben, definiert man über die sogenannte Kovarianz zweier Größen $\tilde{x}$ und $\tilde{y}$

$$\mathrm{Cov}(\tilde{x}, \tilde{y}) = \frac{\sum\limits_{i=1}^{n} (x_i - \bar{x})(y_i - \bar{y})}{n - 1} \tag{6.20}$$

mit $\bar{x}$ und $\bar{y}$ den Mittelwerten der Ergebnisse von $\tilde{x}$ und $\tilde{y}$ sowie x_i und y_i den einzelnen Ergebnissen den (linearen) Korrelationskoeffizienten r

$$r = \frac{\mathrm{Cov}(\tilde{x}, \tilde{y})}{\sigma_{\tilde{x}}\sigma_{\tilde{y}}} \tag{6.21}$$

mit $\sigma_{\tilde{x}}$ und $\sigma_{\tilde{y}}$ als den Standardabweichungen der Stichprobe der zwei Größen (siehe Gl. (3.6)).

Zur Berechnung der Kovarianz werden Produkte der Abweichungen $(x_i - \bar{x})$ und $(y_i - \bar{y})$ der einzelnen Messwerte vom jeweiligen Mittelwert berechnet. Wenn die Werte x_i und y_i der zwei Messgrößen völlig unabhängig voneinander mal unter und mal über dem jeweiligen Mittelwert $\bar{x}$ und $\bar{y}$ liegen, ist das Produkt aus beiden Abweichungen mal positiv, mal negativ. Die Summe liegt damit für sehr viele Messwerte nahe bei null. Weichen die Werte hingegen immer gemeinsam in die gleiche Richtung vom Mittelwert ab, so sind die einzelnen Summanden alle positiv. Weichen die Werte immer in entgegengesetzte Richtungen vom Mittelwert ab, so sind alle Summanden negativ.

Um ein Maß zu erhalten, welches unabhängig von der Zahl der Messwerte ist, wird für die Definition von r noch durch die Standardabweichungen der Stichproben (nicht der Mittelwerte) geteilt. r ist so eine normierte Größe, die den Wert 0 annimmt für vollständig unabhängige Größen und den Wert 1 für vollständige Korrelation wie im zweiten Beispiel. Ein Wert von -1 zeigt ebenfalls eine vollständige Korrelation an, bei der das zweite Ergebnis zwar den gleichen Betrag, allerdings immer das umgekehrte Vorzeichen im Vergleich zum ersten Ergebnis hat.

Zunächst wird das etwas einfachere Verfahren für vollständig unkorrelierte Eingangsgrößen behandelt.

6.2.1 Berechnung der Verteilung für unkorrelierte Größen

Um aus den Verteilungen der Eingangsgrößen die Verteilung der Ausgangsgröße analytisch zu berechnen, muss ähnlich vorgegangen werden wie im vorangegangenen Beispiel. Interessiert man sich z. B. für die Verteilung der Summe $\tilde{c}$ zweier unkorrelierter Größen $\tilde{a}$ und $\tilde{b}$, so muss ganz analog zu Gl. (6.17) das sogenannte

Faltungsintegral

$$\text{pdf}_{\tilde{c}}(x) = \int\limits_{-\infty}^{+\infty} \text{pdf}_{\tilde{a}}(x') \cdot \text{pdf}_{\tilde{b}}(x - x')\text{d}x' \qquad (6.22)$$

berechnet werden. Für die Verteilung von $\tilde{c}$ wird also ebenfalls über das Produkt der zwei Verteilungen integriert. In diesem Produkt finden sich die Wahrscheinlichkeiten für alle Kombinationen der Werte von $\tilde{a}$ und $\tilde{b}$, deren Summe gleich x ist. Diese Operation wird üblicherweise als Faltung bezeichnet. Sucht man z. B. für die Summe L zweier Längen L_1 und L_2 den Wert der Wahrscheinlichkeitsdichtefunktion für einen Wert von 7 cm, so wird über alle Werte der Wahrscheinlichkeitsdichtefunktionen von L_1 und L_2 integriert, deren Summe 7 cm ist.

Nach einiger Rechnung findet man für die Verteilung des Produktes von $\tilde{a}$ und $\tilde{b}$ den Zusammenhang

$$\text{pdf}_{\tilde{c}}(x) = \int\limits_{-\infty}^{+\infty} \text{pdf}_{\tilde{a}}(x') \cdot \text{pdf}_{\tilde{b}}\left(\frac{x}{x'}\right)\frac{1}{|x'|}\text{d}x', \qquad (6.23)$$

der ebenfalls ein Integral enthält.

Mit Hilfe dieser zwei Formeln sowie der Erkenntnis über die Veränderung der Verteilung bei Modellen einer Eingangsgröße (siehe Gl. (6.3)) kann die Verteilung vieler Eingangsgrößen analytisch beschrieben werden. Ein großes und an sehr vielen Stellen nicht analytisch lösbares Problem stellt aber die tatsächliche Berechnung der dabei auftretenden Integrale dar, weshalb die Verteilung der Ausgangsgröße nur sehr selten analytisch berechnet wird.

Statt einer analytischen Berechnung wird auch hier auf das sogenannte Monte-Carlo-Verfahren zurückgegriffen, welches die Einzelergebnisse simuliert. Dafür werden für alle beteiligten Eingangsgrößen Zufallszahlen gemäß ihrer jeweiligen Verteilungen erzeugt. Aus jedem Satz von Zufallszahlen der Eingangsgrößen wird dann der Wert für die Ausgangsgröße berechnet. Nach einer großen Zahl von Zufallszahlen erhält man so eine Vorstellung von der Form der Verteilung. Entscheidend für dieses Verfahren ist die Qualität der Zufallszahlen, die sich vereinfacht gesagt

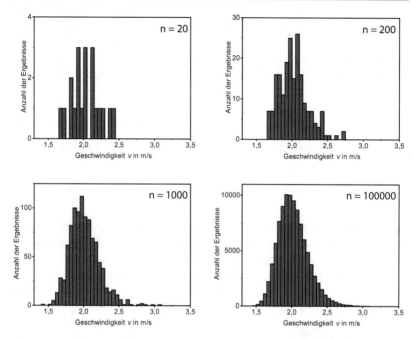

Abb. 6.9 Histogramme für die Bestimmung der Geschwindigkeit aus Weg und Zeit über eine Monte-Carlo-Simulation mit verschieden vielen Durchläufen n. Beide Eingangsgrößen wurden als gaußverteilt angenommen mit $s = 6{,}00(40)$ m und $t = 3{,}00(30)$ s

daran bemisst, wie zufällig diese Zahlen sind und wie gut sie der vorgegebenen Verteilung folgen. Programme für diesen Zweck sind in vielfältiger Art auf dem Markt zu finden. In Abb. 6.9 ist die Entwicklung einer solchen Simulation dargestellt.

6.2.2   Lineare Näherung für die Unsicherheit der Ausgangsgröße für unkorrelierte Größen

Die in Abschn. 6.1.2 für Funktionen einer Variable beschriebene Vorgehensweise lässt sich auf Funktionen mehrerer Variablen verallgemeinern. Auch hier kann eine lineare Näherung über die erste Ableitung der Messfunktion gemacht werden.

Als einzige gravierende Änderung tritt im Fall mehrerer Eingangsgrößen die partielle Ableitung auf, also die Steigung der Messfunktion bei Veränderung nur einer Eingangsgröße, während die anderen unverändert bleiben. Dies ist deshalb notwendig, weil der Einfluss mehrerer Eingangsgrößen auf die Ausgangsgröße separat betrachtet werden muss.

Bildet man mit den Eingangsgrößen $\tilde{a}, \tilde{b}, \tilde{c}, \ldots$ eine neue Ausgangsgröße $\tilde{z}\left(\tilde{a}, \tilde{b}, \tilde{c}, \ldots\right)$, so lassen sich die Kenngrößen der Verteilung der Größe $\tilde{z}$ aus den Kenngrößen der Verteilungen der Größen $\tilde{a}, \tilde{b}, \tilde{c}, \ldots$ berechnen. So gilt auch für die Mittelwerte

$$\bar{z} = z\left(\bar{a}, \bar{b}, \bar{c}, \ldots\right). \tag{6.24}$$

Um eine Aussage über den Zusammenhang der Streuung der Eingangsgrößen auf die Streuung der Ausgangsgröße und damit deren Unsicherheit zu erhalten, wird wieder eine lineare Näherung analog zu Gl. (6.6) vorgenommen. So kann ein Wert z_i der Ausgangsgröße, welcher aus den Werten $a_i, b_i, \ldots$ der Eingangsgrößen resultiert, über den Wert der Messfunktion an der Stelle $(\bar{a}, \bar{b}, \bar{c}, \ldots)$ und der Steigung der Messfunktion an dieser Stelle ausgedrückt werden. Man findet so

$$z_i = z\left(\bar{a}, \bar{b}, \ldots\right) \tag{6.25}$$

$$+ \left.\frac{\partial z}{\partial a}\right|_{\bar{a}, \bar{b}, \ldots} \cdot (a_i - \bar{a}) + \left.\frac{\partial z}{\partial b}\right|_{\bar{a}, \bar{b}, \ldots} \cdot \left(b_i - \bar{b}\right) + \ldots . \tag{6.26}$$

Das Symbol $\frac{\partial z}{\partial a}$ bedeutet dabei die partielle Ableitung der Funktion z nach der Variable a. Sie beschreibt, wie oben schon erwähnt, die Steigung der Funktion $z(a, b, c, \ldots)$ in Richtung der Variable a bei unveränderten Werten der anderen Variablen $b, c, \ldots$. Zur Bildung der partiellen Ableitung nach einer bestimmten Variable betrachtet man also alle anderen Variablen als Konstanten. Die partiellen Ableitungen werden auch hier jeweils an der Stelle $(\bar{a}, \bar{b}, \ldots)$ ausgewertet, das heißt, dass diese Werte in den beim Ableiten erhaltenen Ausdruck eingesetzt werden. Der erhaltene Ableitungswert $\frac{\partial z}{\partial a}(\bar{a}, \bar{b}, \ldots)$ wird als Empfindlichkeitskoeffizient von z bezüglich a bezeichnet, weil er angibt, wie „empfindlich" z auf Änderungen von a reagiert, während die anderen Variablen konstant bleiben. Für die anderen Größen gilt das entsprechende.

Die quadratische Summe der Abweichungen der einzelnen Messwerte vom Mittelwert definiert maßgeblich die Standardunsicherheit einer Größe (vgl. Gl. (3.7)). Verwendet man nun die lineare Näherung, um die Standardunsicherheit $u(z)$ anzugeben, so erhält man

$$\sum_{i=1}^{n} (z_i - \bar{z})^2$$

$$= \left(\frac{\partial z}{\partial a}\right)^2 \sum_{i=1}^{n} (a_i - \bar{a})^2 + \left(\frac{\partial z}{\partial b}\right)^2 \sum_{i=1}^{n} (b_i - \bar{b})^2 + \ldots \qquad (6.27a)$$

$$+ 2\frac{\partial z}{\partial a}\frac{\partial z}{\partial b} \sum_{i=1}^{n} (a_i - \bar{a})(b_i - \bar{b})$$

$$+ 2\frac{\partial z}{\partial a}\frac{\partial z}{\partial c} \sum_{i=1}^{n} (a_i - \bar{a})(c_i - \bar{c}) + \ldots \qquad (6.27b)$$

$$+ 2\frac{\partial z}{\partial b}\frac{\partial z}{\partial c} \sum_{i=1}^{n} (b_i - \bar{b})(c_i - \bar{c})$$

$$+ 2\frac{\partial z}{\partial b}\frac{\partial z}{\partial d} \sum_{i=1}^{n} (b_i - \bar{b})(d_i - \bar{d}) + \ldots \qquad (6.27c)$$

$$+ \ldots,$$

wobei hier auf die Angabe der Stellen, an denen die partiellen Ableitungen ausgewertet werden sollen, der Übersichtlichkeit halber verzichtet wurde. Gleichzeitig wurde auf der rechten Seite bereits nach quadratischen Termen (6.27a) und gemischten Termen (6.27b und folgende) sortiert. Teilt man nun die gesamte Gleichung durch $(n - 1)$, so können die Ausdrücke in (6.27a) durch die Standardunsicherheit und in den folgenden Zeilen mit Hilfe der Kovarianz geschrieben werden.

Die kombinierte Standardunsicherheit $u_c(z)$ (wobei der Index „c" hier für *combined* steht) einer Ausgangsgröße $z(a, b, c, \ldots)$ ist

$$(u_c(z))^2 = \left(\frac{\partial z}{\partial a}\right)^2 u(a)^2 + \left(\frac{\partial z}{\partial b}\right)^2 u(b)^2 + \ldots \qquad (6.28a)$$

$$+ 2\frac{\partial z}{\partial a}\frac{\partial z}{\partial b}\text{Cov}(a, b) + 2\frac{\partial z}{\partial a}\frac{\partial z}{\partial c}\text{Cov}(a, c) + \ldots \qquad (6.28b)$$

$$+ 2\frac{\partial z}{\partial b}\frac{\partial z}{\partial c}\text{Cov}(b, c) + 2\frac{\partial z}{\partial b}\frac{\partial z}{\partial d}\text{Cov}(b, d) + \ldots \qquad (6.28c)$$

$$+ \ldots.$$

Verwendet man nun, dass die Eingangsgrößen alle unkorreliert sein sollten, dann sind alle gemischten Terme null, da die Kovarianz zwischen diesen null ist.

So erhält man die kombinierte Standardunsicherheit einer Ausgangsgröße (auch als „Unsicherheitsfortpflanzungsgesetz" oder in älteren Texten häufig als „Fehlerfortpflanzungsgesetz" oder „Fehlerfortpflanzung nach Gauß" bezeichnet) für vollständig unkorrelierte Eingangsgrößen:

$$u_c(z) = \sqrt{\left(\frac{\partial z}{\partial a} \cdot u(a)\right)^2 + \left(\frac{\partial z}{\partial b} \cdot u(b)\right)^2 + \left(\frac{\partial z}{\partial c} \cdot u(c)\right)^2 + \ldots.} \qquad (6.29)$$

Abb. 6.10 veranschaulicht diesen Zusammenhang anhand der normierten Lichtintensität hinter einem Polarisationsfilter. Unabhängig vom speziellen physikalischen Effekt erkennt man die zwei Tangenten an die Messfunktion in Richtung der Koordinatenachsen der zwei Eingangsgrößen. Gemeinsam spannen sie eine Ebene auf, die zur Berechnung der kombinierten Unsicherheit als Näherung für die eigentliche Messfunktion verwendet wird.

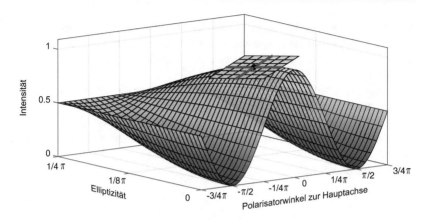

Abb. 6.10 Zur Erklärung der Nutzung der partiellen Ableitung bei der Berechnung der kombinierten Messunsicherheit über die Tangente an eine mehrdimensionale Funktion. Die geschwungene Fläche zeigt in diesem Beispiel die normierte Lichtintensität hinter einem Polarisationsfilter als Funktion der Elliptizität sowie des Winkels zwischen Polarisatorachse und Hauptachse des Lichts vor dem Filter. Die rote Gerade stellt die partielle Ableitung in Richtung der Elliptizität dar, die blaue Gerade die partielle Ableitung in Richtung des Winkels

6.2.3 Freiheitsgrade kombinierter Größen – Welch-Satterthwaite-Formel

Die Zahl der Freiheitsgrade ν einer Messgröße kann gemäß Gl. (4.1) als ein Maß für die Zuverlässigkeit der angegebenen Unsicherheit interpretiert werden. Für einen Mittelwert aus n Einzelergebnissen wäre $\nu = n - 1$. Formt man (4.1) um, erhält man nämlich

$$u(u(x)) \approx \frac{u(x)}{\sqrt{2(n-1)}} = \frac{u(x)}{\sqrt{2\nu}}, \tag{6.30}$$

mit ν als der Zahl der Freiheitsgrade. Je größer ν, desto kleiner wird die Unsicherheit der Unsicherheit. Daher ist es sinnvoll, zum einen auch bei Typ-B-Unsicherheiten einen Freiheitsgrad anzugeben, der sich über die geschätzte Unsicherheit der Unsicherheit ergibt:

$$\nu \approx \frac{1}{2} \left(\frac{(u(x))^2}{u(u(x))} \right)^2 \tag{6.31}$$

und zum anderen bei jedem über eine Messfunktion berechneten Wert eine Zahl von effektiven Freiheitsgraden mit anzugeben. Ohne die Zahl der effektiven Freiheits-grade ist auch eine Angabe einer erweiterten Unsicherheit (siehe Abschn. 6.2.5) eines Ergebnisses nicht möglich.

Dieser effektive Freiheitsgrad kann über die sogenannte Welch-Satterthwaite-Formel für unkorrelierte Eingangsgrößen abgeschätzt werden, welche sich aus Gl. (6.31) und der linearen Näherung der Messfunktion nach einer etwas längeren Herleitung ergibt. Bei Interesse kann diese in Frenkel und Kirkup (2006) nachgele-sen werden.

Für eine Messfunktion

$$z(a, b, c, \ldots) \tag{6.32}$$

erhält man für die effektive Zahl der Freiheitsgrade von z

$$\nu_{\text{eff}} = \frac{(u_{\text{c}}(z))^4}{c_a^4 \frac{(u(a))^4}{\nu_a} + c_b^4 \frac{(u(b))^4}{\nu_b} + \ldots} \tag{6.33}$$

mit den Empfindlichkeitskoeffizienten

$$c_a = \left.\frac{\partial z}{\partial a}\right|_{\bar{a}, \bar{b}, \ldots} , \, c_b = \left.\frac{\partial z}{\partial b}\right|_{\bar{a}, \bar{b}, \ldots} \text{ etc.} \tag{6.34}$$

mit $u_{\text{c}}(z)$ als der kombinierten Unsicherheit von z und ν_a und ν_b als der Zahl der Freiheitsgrade von a und b. Der hieraus resultierende Wert wird immer abgerundet, um keine zu hohe Zuverlässigkeit vorzutäuschen.

6.2.4 Dokumentation der Ergebnisse

Um Messverfahren sowie die daraus erhaltenen Ergebnisse transparent zu dokumen-tieren, müssen zu jeder Messung neben den reinen Messergebnissen noch weitere Details dargestellt werden. Zu einer vollständigen Dokumentation gehören

1. die der Auswertung zugrunde liegende Modellgleichung oder Messfunktion,
2. eine kurze Erläuterung der einzelnen Eingangs- und Ausgangsgrößen,

3. die Bestimmungsmethode der Eingangsgrößen (Messreihe oder Einzelmessung),
4. das sogenannte Unsicherheitsbudget.

Das Budget dient zur übersichtlichen Dokumentation sowohl des Ergebnisses für die Ausgangsgröße und ihrer Unsicherheit als auch vor allem der Einflüsse der Unsicherheiten der einzelnen Eingangsgrößen auf die Unsicherheit der Ausgangsgröße. Es enthält für die einzelnen Eingangsgrößen in tabellarischer Form

1. das Formelzeichen sowie eine kurze Beschreibung der Größe,
2. die Werte inklusive der verwendeten Einheiten,
3. die Standardunsicherheit,
4. die angenommene Verteilung,
5. den Empfindlichkeitskoeffizienten aus der linearen Näherung,
6. den absoluten Beitrag der Unsicherheit dieser Eingangsgröße zur Unsicherheit der Ausgangsgröße (Diese wird als Produkt der Unsicherheit dieser Größe mit dem entsprechenden Empfindlichkeitskoeffizienten angegeben. Dies entspricht den nichtquadrierten Summanden in Gl. (6.29). Nicht die Summe dieser Beiträge ergibt also die Unsicherheit der Ausgangsgröße, sondern die Wurzel aus der Summe der quadrierten Beiträge.),
7. den prozentualen Anteil der Unsicherheit dieser Eingangsgröße an der Unsicherheit der Ausgangsgröße. (Dieser wird als Quotient aus dem Quadrat des Unsicherheitsbeitrags und dem Quadrat der Unsicherheit der Ausgangsgröße angegeben.)

Aus dem Budget lässt sich sehr schnell ersehen, die Unsicherheit welcher Eingangsgröße den stärksten Einfluss auf die Unsicherheit der Ausgangsgröße hat. Daraus wiederum lässt sich eine direkte Handlungsempfehlung ableiten, will man die Unsicherheit der Ausgangsgröße verringern. Ein Muster für eine solche Dokumentation findet sich in Abschn. 6.3, Beispiel 2.

6.2.5 Erweiterte Unsicherheit

Nicht in allen Fällen ist die Angabe der kombinierten Standardunsicherheit die beste Wahl. Immerhin werden dabei (im Fall einer Gauß-Verteilung) nur $\approx 68\,\%$ der Fälle erfasst. Wenn z. B. bei gesundheits- oder sicherheitsrelevanten Fragestellungen eine größere Überdeckung wünschenswert ist, wird deshalb die erweiterte Unsicherheit

U angegeben, die aus der kombinierten Standardunsicherheit u_c durch Multiplikation mit einem Erweiterungsfaktor k berechnet wird:

$$U(z) = k \cdot u_c(z) \tag{6.35}$$

Dabei ist es i. Allg. schwierig, einen genauen Zahlenwert für den Anteil der Überdeckung anzugeben, da meist die Kenntnis über die zugrunde liegende Verteilung unzureichend ist. Man geht häufig davon aus, dass die Werte annähernd gaußverteilt sind, und spricht dann von der *Überdeckungswahrscheinlichkeit* oder dem *Grad des Vertrauens* des überdeckten Bereichs. Absichtlich werden dabei die Begriffe *Vertrauensbereich* und *Vertrauensniveau* vermieden, die in der Statistik speziell definierte Bedeutungen haben und auf U nur bei Vorliegen einiger Bedingungen angewendet werden können. Zum Beispiel müssen alle zur Berechnung von U verwendeten Unsicherheiten nach Typ A bestimmt worden sein, was sehr häufig nicht der Fall sein dürfte.

Sinnvollerweise sollte immer versucht werden, einen ungefähren Wert für die Überdeckungswahrscheinlichkeit anzugeben. In vielen praktischen Fällen kann davon ausgegangen werden, dass die Verteilung näherungsweise gaußförmig ist und dass die Zahl der Freiheitsgrade sehr groß ist. Dann ist es naheliegend, davon auszugehen, dass ein Erweiterungsfaktor von $k = 2$ einer Überdeckungswahrscheinlichkeit von $\approx 95\,\%$ und ein Erweiterungsfaktor von $k = 3$ einer Überdeckungswahrscheinlichkeit von $\approx 99{,}7\,\%$ entspricht. In Tab. 6.2 sind einige Beispiele für gängige Erweiterungsfaktoren aufgelistet.

Die erweiterte Unsicherheit U liefert gegenüber u_c keine neue Information, sie stellt nur eine andere Form der Angabe dar, die in manchen Fällen praktischer ist.

Erweiterte Unsicherheit bei kleinen Messreihen

Bei kleinen Messreihen ist die Annahme einer Gauß-Verteilung auch in diesem Zusammenhang nicht gerechtfertigt. Oft kann dann mit der Student'schen t-Verteilung gerechnet werden. Der Erweiterungsfaktor hängt dann nicht nur von der Überdeckungswahrscheinlichkeit, sondern auch von der Zahl der Freiheitsgrade ab. In Tab. 6.1 sind einige häufig verwendete Werte für solche t-Faktoren zusammengestellt.

Tab. 6.1 Wert von $t_p(v)$ aus der t-Verteilung für die Anzahl v der Freiheitsgrade, die ein Intervall $[-t_p(v); +t_p(v)]$ definieren, das den Anteil p der Verteilung umfasst. Für eine Größe x, die durch eine Normalverteilung mit dem Erwartungswert μ und die Standardabweichung σ beschrieben wird, werden durch das Intervall $[\mu - k\sigma; \mu + k\sigma]$ für $k = 1, 2, 3$ die Anteile p_k mit $p_1 \approx 68,27\,\%$, $p_2 \approx 95,45\,\%$, $p_3 \approx 99,73\,\%$ der Verteilung erfasst. (Nach DIN V ENV 13005 (1999))

Zahl v der Freiheitsgrade	Anteil p in %					
	68,27...	90	95	95,45...	99	99,73...
1	1,84	6,31	12,71	13,97	63,66	35,80
2	1,32	2,92	4,30	4,53	9,92	19,21
3	1,20	2,35	3,18	3,31	5,84	9,22
4	1,14	2,13	2,78	2,87	4,60	6,62
5	1,11	2,02	2,57	2,65	4,03	5,51
6	1,09	1,94	2,45	2,52	3,71	4,90
7	1,08	1,89	2,36	2,43	3,50	4,53
8	1,07	1,86	2,31	2,37	3,36	4,28
9	1,06	1,83	2,26	2,32	3,25	4,09
10	1,05	1,81	2,23	2,28	3,17	3,96
11	1,05	1,80	2,20	2,25	3,11	3,85
12	1,04	1,78	2,18	2,23	3,05	3,76
13	1,04	1,77	2,16	2,21	3,01	3,69
14	1,04	1,76	2,14	2,20	2,98	3,64
15	1,03	1,75	2,13	2,18	2,95	3,59
16	1,03	1,75	2,12	2,17	2,92	3,54
17	1,03	1,74	2,11	2,16	2,90	3,51
18	1,03	1,73	2,10	2,15	2,88	3,48
19	1,03	1,73	2,09	2,14	2,86	3,45
20	1,02	1,72	2,09	2,13	2,85	3,42
25	1,02	1,71	2,06	2,11	2,79	3,33
30	1,01	1,70	2,04	2,09	2,75	3,27
35	1,01	1,70	2,03	2,07	2,72	3,23
40	1,01	1,68	2,02	2,06	2,70	3,20
45	1,01	1,68	2,01	2,06	2,69	3,18
50	1,01	1,68	2,01	2,05	2,68	3,16
100	1,005	1,660	1,984	2,025	2,626	3,077
∞	1	1,645	1,960	2	2,576	3

Tab. 6.2 Übliche Erweiterungsfaktoren in Gl. (6.35) für verschiedene Anwendungsbereiche (nach Pesch (2004)). Die letzte Spalte gibt zur groben Orientierung die typische Überdeckung unter Annahme einer Gauß-Verteilung an. Liegt eine andere Verteilung vor, so ist in der Regel auch die Überdeckungswahrscheinlichkeit anders

Bereich	Anwendungsbeispiel	Erweiterungsfaktor k	Typische Überdeckung %
Physik	Universell	1	68
Biologie	Populationen von Tieren und Pflanzen	1	68
Soziologie	Feldstudien	1	68
Handel	Füllmengen messung	1 bis 2	68 bis 95
Allgemeine Messtechnik	Universell	2	95
Eichwesen	Konformitätsaussagen	2, für sicherheits-relevante Bereiche 3	68 bis 99,7
Sicherheitstechnik	Explosionssicherheit	3 bis 4	99,7 bis 99,99
Medizin	Gerichtsmedizin, DNA-Analysen, Vaterschaftstests	Mindestens 5	Mindestens 99,9999

6.3   Beispiele

Beispiel 1 – Zylindermasse
Es soll die Masse eines Betonzylinders über dessen Radius r, Höhe h und Dichte ϱ bestimmt werden. Als Messfunktion der Masse wird dafür

$$m(r, h, \varrho) = \pi \cdot r^2 \cdot h \cdot \varrho$$

als stark idealisierte Funktion für einen perfekten, absolut homogenen Zylinder verwendet. Die Messergebnisse der Eingangsgrößen lauten

$$r = 0{,}0500(11)\,\text{m},$$
$$h = 0{,}200(13)\,\text{m},$$
$$\varrho = 2400(50)\,\tfrac{\text{kg}}{\text{m}^3}.$$

Die partiellen Ableitungen (Empfindlichkeitskoeffizienten) der Messfunktion nach den Eingangsgrößen lauten

$$c_r = \frac{\partial m}{\partial r} = 2\pi \cdot r \cdot h \cdot \varrho,$$

$$c_h = \frac{\partial m}{\partial h} = \pi \cdot r^2 \cdot \varrho,$$

$$c_\varrho = \frac{\partial m}{\partial \varrho} = \pi \cdot r^2 \cdot h.$$

Diese Empfindlichkeitskoeffizienten der einzelnen Eingangsgrößen sind für die gegebenen Messwerte

$$c_r = 2 \cdot \pi \cdot 0{,}0500\,\mathrm{m} \cdot 0{,}200\,\mathrm{m} \cdot 2400\frac{\mathrm{kg}}{\mathrm{m}^3} = 151\frac{\mathrm{kg}}{\mathrm{m}},$$

$$c_h = \pi \cdot (0{,}0500\,\mathrm{m})^2 \cdot 2400\frac{\mathrm{kg}}{\mathrm{m}^3} = 18{,}8\frac{\mathrm{kg}}{\mathrm{m}},$$

$$c_\varrho = \pi \cdot (0{,}0500\,\mathrm{m})^2 \cdot 0{,}200\,\mathrm{m} = 1{,}57 \cdot 10^{-3}\,\mathrm{m}^3.$$

Für die kombinierte Unsicherheit ergibt sich somit

$$u_c(m) = \sqrt{(c_r \cdot u(r))^2 + (c_h \cdot u(h))^2 + (c_\varrho \cdot u(\varrho))^2}$$

$$= \left(\left(151\frac{\mathrm{kg}}{\mathrm{m}} \cdot 1{,}1 \cdot 10^{-3}\mathrm{m}\right)^2 + \left(18{,}8\frac{\mathrm{kg}}{\mathrm{m}} \cdot 1{,}300 \cdot 10^{-2}\,\mathrm{m}\right)^2 \right.$$

$$\left. + \left(1{,}57 \cdot 10^{-3}\mathrm{m}^3 \cdot 50\frac{\mathrm{kg}}{\mathrm{m}^3}\right)^2 \right)^{\frac{1}{2}}$$

$$= \sqrt{0{,}0937\,\mathrm{kg}^2}$$

$$= 0{,}31\,\mathrm{kg}.$$

Für die Masse selbst erhält man

$$m = \pi \cdot (0{,}0500\,\mathrm{m})^2 \cdot 0{,}200\,\mathrm{m} \cdot 2400\frac{\mathrm{kg}}{\mathrm{m}^3}$$

$$= 3{,}77\,\mathrm{kg}.$$

Das Ergebnis lautet somit

$$m = 3{,}77(31)\,\mathrm{kg}.$$

Beispiel 2 – Bestimmung der Erdbeschleunigung g mit dem Fadenpendel
Die Bestimmung der Erdbeschleunigung g mit Hilfe eines Fadenpendels wurde
bereits in Kap. 5 thematisiert und soll hier noch einmal aufgegriffen werden. Die
Messfunktion lautet (vgl. Abschn. 5.3):

$$g = \left(\frac{2\pi}{T_{\text{eff}}} \right)^2 \cdot L_{\text{eff}} \tag{6.36}$$

mit den Teilmodellen

$$T_{\text{eff}} = \frac{T_{20} \cdot \delta_{\text{Uhr}}}{20} \tag{6.37}$$

$$L_{\text{eff}} = L \cdot \delta_{\text{S}} + \delta_{\text{V}} \tag{6.38}$$

Die verwendeten Formelzeichen bedeuten:

- T_{20}: Die Zeit für 20 Schwingungsperioden des Pendels; sie wurde durch eine
  Messreihe von 50 Messungen bestimmt.

$$T_{20} = 38{,}675\,00 \text{ s}$$
$$u\,(T_{20}) = 0{,}007\,57 \text{ s}$$
$$\nu\,(T_{20}) = 49 \tag{6.39}$$

- δ_{Uhr}: Der durch Kalibrierung bestimmte Korrekturfaktor für die verwendete Uhr;
  dieser wurde durch eine Reihe von Messungen bestimmt und ist als Faktor mit
  einfacher Standardunsicherheit $u\,(\delta_{\text{Uhr}})$ bekannt. Auch dieser wurde über 50
  Messungen bestimmt.

$$\delta_{\text{Uhr}} = 1{,}017\,400$$
$$u\,(\delta_{\text{Uhr}}) = 0{,}000\,140$$
$$\nu\,(\delta_{\text{Uhr}}) = 49 \tag{6.40}$$

- L: Die Länge des Pendels; diese wurde mit einem Maßstab gemessen. Der
  Abstand der Markierungen auf der Skala des Maßstabs betrage 1 mm. Daraus
  wird die Standardunsicherheit $u(L)$ für das Ablesen nach Gl. (3.39) zu $\frac{1\,\text{mm}}{2\sqrt{6}}$
  abgeschätzt. Die Unsicherheit der Unsicherheit wird hier für die Ermittlung der
  Zahl der effektiven Freiheitsgrade mit 20 % der Unsicherheit selbst abgeschätzt.

$$L = 0{,}963\,000\,\text{m}$$

$$u(L) = 0{,}000\,204\,\text{m}$$

$$v(L) = \frac{1}{2}\left(\frac{1}{0{,}2}\right)^2 = 12{,}5 \approx 12$$

- δ_S: Der Korrekturfaktor für eine Streckung/Stauchung des Maßstabs; dieser ist nicht genau bekannt und kann einschließlich seiner Unsicherheit $u(\delta_S)$ nur geschätzt werden. Hier wird die Breite der Verteilung von δ_S mit 0,004, also 4 mm pro 1 m, angenommen. Aufgrund des geringen Wissens über diese Korrektur wird eine Rechteckverteilung gewählt. Die Unsicherheit der Unsicherheit wird hier für die Ermittlung der Zahl der effektiven Freiheitsgrade mit 40 % der Unsicherheit selbst abgeschätzt.

$$\delta_S = 1{,}000\,00$$

$$u(\delta_S) = \frac{0{,}004}{2\sqrt{3}} = 0{,}001\,15$$

$$v(\delta_S) = \frac{1}{2}\left(\frac{1}{0{,}4}\right)^2 = 3{,}1 \approx 3$$

- δ_V: Die Korrektur für eine Verschiebung des Nullpunkts der Längenbestimmung; diese ist nicht genau bekannt und kann einschließlich ihrer Unsicherheit $u(\delta_V)$ nur geschätzt werden. Hier wird die Breite der Verteilung von δ_V mit 0,002 mm angenommen. Aufgrund des geringen Wissens über diese Korrektur wird eine Rechteckverteilung gewählt. Die Unsicherheit der Unsicherheit wird hier für die Ermittlung der Zahl der effektiven Freiheitsgrade mit 40 % der Unsicherheit selbst abgeschätzt.

$$\delta_V = 0{,}000\,000$$

$$u(\delta_V) = \frac{0{,}002}{2\sqrt{3}} = 0{,}000\,577$$

$$v(\delta_V) = \frac{1}{2}\left(\frac{1}{0{,}4}\right)^2 = 3{,}1 \approx 3$$

Unter Nutzung der Teilmodelle werden nun zuerst T_{eff} und L_{eff} mit deren jeweiliger Unsicherheit mit Hilfe der linearen Näherung bestimmt. Aus diesen wird dann g und dessen Unsicherheit bestimmt. Der besseren Lesbarkeit wegen wird in den folgenden Formeln jeweils nur u statt u_c für die kombinierte Unsicherheit geschrieben.

Bestimmung von T_{eff}

$$T_{\text{eff}} = \frac{T \cdot \delta_{\text{Uhr}}}{20}$$
$$= 1{,}967\,397\,\text{s}$$
$$u(T_{\text{eff}}) = \sqrt{\left(\frac{\delta_{\text{Uhr}}}{20} \cdot u(T)\right)^2 + \left(\frac{T}{20} \cdot u(\delta_{\text{Uhr}})\right)^2}$$
$$= 0{,}000\,470\,\text{s}$$
$$v(T_{\text{eff}}) = \frac{(u(T_{\text{eff}}))^4}{\left(\frac{\delta_{\text{Uhr}}}{20}\right)^4 \frac{(u(T))^4}{v(T)} + \left(\frac{T}{20}\right)^4 \frac{(u(\delta_{\text{Uhr}}))^4}{v(\delta_{\text{Uhr}})}} = 87{,}9 \approx 87$$

Bestimmung von L_{eff}

$$L_{\text{eff}} = (L \cdot \delta_{\text{S}}) + \delta_{\text{V}}$$
$$= 0{,}963\,00\,\text{m}$$
$$u(L_{\text{eff}}) = \sqrt{(\delta_{\text{S}} \cdot u(L))^2 + (L \cdot u(\delta_{\text{S}}))^2 + (u(\delta_{\text{V}}))^2}$$
$$= 0{,}000\,450\,\text{m}$$
$$v(L_{\text{eff}}) = \frac{(u(L_{\text{eff}}))^4}{\delta_{\text{S}}^4 \frac{(u(L))^4}{v(L)} + L^4 \frac{(u(\delta_{\text{S}}))^4}{v(\delta_{\text{S}})} + \frac{(u(\delta_{\text{V}}))^4}{v(\delta_{\text{V}})}} = 4{,}76 \approx 4$$

Bestimmung von g

$$g = \left(\frac{2\pi}{T_{\text{eff}}}\right)^2 \cdot L_{\text{eff}}$$
$$= 9{,}822\,\frac{\text{m}}{\text{s}^2}$$
$$u(g) = \sqrt{\left(\frac{8\pi^2 \cdot L_{\text{eff}}}{T_{\text{eff}}^3} \cdot u(T_{\text{eff}})\right)^2 + \left(\frac{4\pi^2}{T_{\text{eff}}^2} \cdot u(L_{\text{eff}})\right)^2}$$
$$= 0{,}014\,\frac{\text{m}}{\text{s}^2}$$
$$v(g) = \frac{(u(g))^4}{\left(\frac{8\pi^2 \cdot L_{\text{eff}}}{T_{\text{eff}}^3}\right)^4 \frac{(u(T_{\text{eff}}))^4}{v(T_{\text{eff}})} + \left(\frac{4\pi^2}{T_{\text{eff}}^2}\right)^4 \frac{(u(L_{\text{eff}}))^4}{v(L_{\text{eff}})}} = 5{,}13 \approx 5$$

Messgleichungen

$$g = \left(\frac{2\pi}{T_{eff}}\right)^2 L_{eff} \qquad T_{eff} = \frac{T_{20} \cdot \delta_{Uhr}}{20} \qquad L_{eff} = L \cdot \delta_S + \delta_V$$

Eingangsgrößen

Größe	Definition	Wert	Einheit	Unsicherheit
π	Konstante	3,141 59...	1	KONSTANTE
T_{20}	Schwingungsdauer von 20 Schwingungsperiode	38,675 00	s	Typ A (50 Messungen), $u = 7{,}57 \cdot 10^{-3}$
δ_{Uhr}	Kalibrierfaktor der Uhr	1,017 400	1	Typ A (50 Messungen), $u = 1{,}40 \cdot 10^{-4}$
L	Abgelesene Länge des Pendels	0,963 000	m	Typ B (Dreieck), Abstand Grenzen $1 \cdot 10^{-3}$
δ_S	Faktor zur Streckungs-korrektur des Maßstabs	1	1	Typ B (Rechteck), Abstand Grenzen $4 \cdot 10^{-3}$
δ_V	Nullpunktkorrektur der Längenmessung	0	m	Typ B (Rechteck), Abstand Grenzen $2 \cdot 10^{-3}$

(Teil-)Budgets

T_{eff}

Größe	Wert	u	ν	Verteil.	c	Unsicherheitsbeitrag absolut	relativ
T_{20}	38,675 00	$7{,}57 \cdot 10^{-3}$	49	Gauß	0,051	$3{,}85 \cdot 10^{-4}$	67,0 %
δ_{Uhr}	1,017 400	$1{,}40 \cdot 10^{-4}$	49	Gauß	1,9	$2{,}71 \cdot 10^{-4}$	33,0 %
T_{eff}	1,967 397	$4{,}71 \cdot 10^{-4}$	87				

L_{eff}

Größe	Wert	u	ν	Verteil.	c	Unsicherheitsbeitrag absolut	relativ
L	0,963 000	$2{,}04 \cdot 10^{-4}$	12	Dreieck	1	$2{,}04 \cdot 10^{-4}$	2,6 %
δ_S	1,000 000	$1{,}15 \cdot 10^{-3}$	3	Rechteck	0,963	$1{,}11 \cdot 10^{-3}$	76,6 %
δ_V	0,000 000	$5{,}77 \cdot 10^{-4}$	3	Rechteck	1	$5{,}77 \cdot 10^{-4}$	20,8 %
L_{eff}	0,963 000	$1{,}27 \cdot 10^{-3}$	4				

g

Größe	Wert	u	ν	Verteil.	c	Unsicherheitsbeitrag absolut	relativ
T_{eff}	1,967 397	$4{,}71 \cdot 10^{-4}$	87	Gauß	-0,047	$4{,}70 \cdot 10^{-3}$	11,7 %
L_{eff}	0,963 000	$1{,}27 \cdot 10^{-3}$	4	Gauß	0,13	$1{,}27 \cdot 10^{-2}$	88,3 %
g	9,822 0	$1{,}38 \cdot 10^{-2}$	5				

Abb. 6.11 Beispiel einer vollständigen Dokumentation einer Messung, hier anhand der Bestimmung der Erdbeschleunigung g

Das Ergebnis der Bestimmung der Erdbeschleunigung ist also

$$g = 9{,}822(14)\,\frac{\mathrm{m}}{\mathrm{s}^2}.$$

Eine beispielhafte Zusammenfassung dieser Ergebnisse in Form eines Budgets ist in Abb. 6.11 dargestellt. Klar zu erkennen ist, dass eine geringe Zahl von Freiheitsgraden einer Eingangsgröße die Zahl der effektiven Freiheitsgrade der Ausgangsgröße stark beeinflusst, und dass die Unsicherheit der Erdbeschleunigung von der Unsicherheit der Längenbestimmung des Pendels dominiert wird. Wollte man die Unsicherheit von g verringern, müsste man an dieser Stelle ansetzen. Innerhalb der Längenbestimmung kann in diesem Beispiel weiter der größte Einfluss auf die Unsicherheit auf die mögliche Streckung oder Stauchung des Maßstabes zurückgeführt werden.

6.4 Zusammenfassung und Fragen

6.4.1 Zusammenfassung

Mit Hilfe von Messfunktionen können aus direkt bestimmten Größen andere Größen berechnet werden. Diese weisen ebenfalls eine Verteilung auf, die über eine analytische oder (meist einfachere) numerische Berechnung aus den Verteilungen der Eingangsgrößen bestimmt werden kann. Das numerische Verfahren wird als Monte-Carlo-Simulation bezeichnet.

Eine andere Möglichkeit stellt die lineare Näherung des Modells dar, mit der direkt aus den Standardunsicherheiten der Eingangsgrößen die Standardunsicherheit der Ausgangsgröße berechnet werden kann. Bei Messfunktionen mit mehreren Eingangsgrößen stellt die Korrelation der Eingangsgrößen einen wichtigen zusätzlichen Faktor dar, der bei der Kombination der Unsicherheiten mit eingehen muss.

6.4.2 Fragen

1. Bei Messfunktionen einer Eingangsgröße verändert sich in der Regel die Form der Verteilung zwischen Ein- und Ausgangsgröße. Welche Eigenschaft muss die Messfunktion haben, damit dieser Effekt nicht eintritt?
2. An welchen Stellen einer Messfunktion bewirkt eine Unsicherheit der Eingangsgröße keine Unsicherheit der Ausgangsgröße?

3. Wird in einer Messfunktion die Summe zweier vollständig unkorrelierter Eingangsgrößen gebildet, ist die Ausgangsgröße das Faltungsintegral der Eingangsverteilungen. Welche Ausgangsverteilung ergibt sich, wenn die Eingangsverteilungen zwei gleich breite Rechteckfunktionen sind?

Anpassung eines Modells an Messwerte

7

Inhaltsverzeichnis

Kann man eine Messfunktion formulieren, welche die unabhängige Variable bzw. unabhängige Variablen (also die Größen eines Experiments, die eingestellt werden) sowie eine Zahl freier Parameter als Eingangsgrößen und die abhängige Variable (also die Größe, die bei einem Experiment gemessen wird) als Ausgangsgröße hat, so kann man versuchen, die Parameter der Messfunktion derart zu bestimmen, dass diese den funktionalen Zusammenhang zwischen abhängigen und unabhängigen Variablen bestmöglich beschreibt.

Wie am Anfang von Kap. 6 bereits erwähnt wurde, ergibt sich die Form der Funktion dabei idealerweise aus dem mathematischen Modell der Messung, welches sich auf physikalische Theorien stützt. Dieses enthält neben den Ein- und Ausgangsgrößen zunächst unbekannte Variablen, sogenannte freie Parameter, die anhand der Messwerte bestimmt werden sollen. So könnte man z. B. die Zugkraft F einer Feder in Abhängigkeit von ihrer Dehnung x messen. In einem einfachen Modell würde man erwarten, dass die Zugkraft durch die Messfunktion $F(D, x) = -D \cdot x$ beschrieben werden kann. D ist dabei die sogenannte Federkonstante, deren Wert am Anfang nicht bekannt ist und als freier Parameter dient. Im Experiment würden man nun verschiedene Werte für die Dehnung der Feder einstellen und jeweils die Zugkraft bestimmen. Verfügt man nur über sehr wenige Informationen zum mathematischen

Modell, so kann ein mathematischer Zusammenhang zwischen den Messgrößen notfalls auch teilweise „eraten" werden, indem einfache mathematische Funktionen kombiniert werden. Einfache Beispiele sind lineare oder quadratische Funktionen, allgemeine Potenzfunktionen, trigonometrische Funktionen (sin, cos, tan, . . .), Logarithmus- oder Exponentialfunktionen.

Wichtig Wählt man die Darstellung der Funktion sinnvoll, so haben ihre Parameter ggf. eine physikalische Bedeutung. Deren Bestimmung kann das eigentliche Ziel der Messung sein. So beschreibt z. B. die Steigung im $s(t)$-Diagramm einer gleichförmigen Bewegung deren Geschwindigkeit v. Die zugehörige Messfunktion hat t als Eingangsgröße, v als freien Parameter und s als Ausgangsgröße.

7.1   Die Methode der kleinsten Abweichungsquadrate

Bei der Berechnung der „am besten passenden Funktion" handelt es sich um ein Optimierungsproblem. Der zu minimierende Ausdruck ist dabei die sogenannte „quadratische Abweichung" der Messfunktion von den Messwerten. Diese Methode wird daher in der englischsprachigen Literatur als *least squares fit* bezeichnet.

Die Parameter werden so festgelegt, dass die Wahrscheinlichkeit dafür, genau die gemessenen Wertepaare zu erhalten, bei diesem Parametersatz maximal wird. Mit anderen Worten: Bei jedem anderen Parametersatz wäre es weniger wahrscheinlich gewesen, ausgerechnet diese Messwerte zu erhalten.

Etwas konkreter:
Gegeben sei eine Messreihe bestehend aus den Wertepaaren

$$(x_1, y_1), (x_2, y_2), (x_3, y_3), \ldots, (x_n, y_n),$$

wobei x die unabhängige, y die abhängige Variable ist. Um die optimalen Parameter

$$a_0, a_1, a_2, \ldots$$

der die Messreihe beschreibenden Funktion $f_{a_0, a_1, a_2, \ldots}(x)$ zu bestimmen, sucht man einen Satz von Parametern, der die quadratische Abweichung

$$\chi^2 = \sum_{i=1}^{n} \left(y_i - f_{a_0, a_1, a_2, \ldots}(x_i) \right)^2 \qquad (7.1)$$

minimiert, wobei hier zur besseren Unterscheidung von Variablen und freien Parametern die letzteren als Index geschrieben werden. Ein Beispiel für die Anpassung einer linearen Messfunktion an sechs Datenpunkte ist in Abb. 7.1 gezeigt. Die Abweichungen von Funktion und Punkten sind rot markiert.

Je komplizierter die Funktion ist, desto aufwendiger ist meist auch die Berechnung der am besten passenden Parameter. In vielen Fällen ist die Berechnung gar nicht mit einer analytischen Formel möglich, sondern erfolgt numerisch. Dabei wird zunächst für jeden Parameter ein Startwert gesetzt und für diesen Parametersatz χ^2 berechnet. Dann modifiziert man in einem ersten Schritt diese Startwerte – im Wesentlichen zufällig, aber das ist eine Wissenschaft für sich, die den Rahmen dieses Buches sprengen würde – um kleine Beträge und berechnet, ob sich damit ein verringertes χ^2 ergibt. In diesem Fall werden die neuen Parameter übernommen, sonst die alten beibehalten.

Die Abfolge „Parameter variieren $\rightarrow$ χ^2 prüfen $\rightarrow$ neue Parameter bei Erfolg übernehmen" wird immer wieder wiederholt. In den meisten Fällen stellt sich so

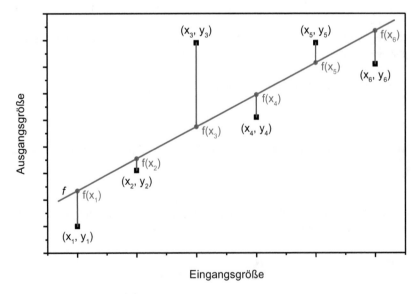

Abb. 7.1 Veranschaulichung einer linearen Anpassung (blau) zu gegebenen Datenpunkten (schwarz). Die Abweichungen $y_i - f_{a_0,a_1,a_2,\ldots}(x_i)$ sind rot dargestellt

nach hinreichend vielen Wiederholungen (auch als Iterationen bezeichnet) ein stabiler Zustand ein, bei dem sich χ^2 von Schritt zu Schritt praktisch nicht mehr ändert. Man kann dann in der Regel davon ausgehen, dass der so gefundene Parametersatz die Messwerte optimal beschreibt. Zwar gibt es im Einzelfall keine Garantie, dass die Methode zum Ziel führt, aber dafür können beliebige funktionale Zusammenhänge untersucht werden. Da die Veränderungen an den Parametern zufällig durchgeführt werden, nennt man dieses Verfahren Monte-Carlo-Verfahren oder spricht in Anspielung auf die Evolution auch von einem genetischen Algorithmus.

In Spezialfällen kann durchaus auch eine analytische Berechnung erfolgen. Einige dieser Fälle sollen hier in der Folge betrachtet werden.

7.2   Mittelwert

Ein besonders einfacher Fall ist der bereits wohlbekannte arithmetische Mittelwert, der bisher stets ohne nähere Begründung verwendet wurde. Betrachtet man Wertepaare (i, y_i) aus der Nummer i der Messung und dem jeweiligen Messwert y_i, wobei alle y_i die gleiche Unsicherheit $u(y)$ haben sollen, dann kann man versuchen, diese durch die konstante Funktion

$$y(i) = f_{a_0}(i) = a_0 + 0 \cdot i = a_0 \tag{7.2}$$

zu beschreiben, also eine Gerade mit dem Achsenabschnitt a_0 und der Steigung null. Der dabei auftretende Verlauf von χ^2 ist in Abb. 7.2 gezeigt. Bestimmt man in diesem Fall das Minimum für die Summe der Abweichungsquadrate (durch Ableitung von χ^2 nach a_0 und Bestimmung der Nullstelle), so ergibt sich nach einiger Rechnung für a_0 der Ausdruck des arithmetischen Mittelwerts aus Gleichung: (3.5)

$$a_0 = \frac{1}{n} \sum_{i=1}^{n} y_i =: \overline{y} \tag{7.3}$$

Der Mittelwert ist also der Wert, bei dem die Summe der Abweichungsquadrate zu allen Messwerten am kleinsten ist.

Die Unsicherheit des Mittelwerts ist gegeben über seine empirische Standardabweichung nach Gl. (3.7).

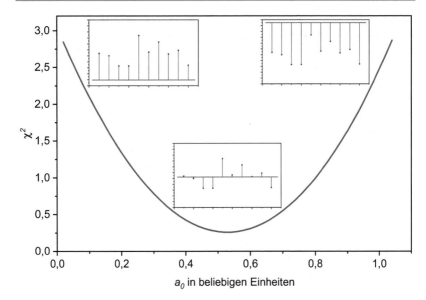

Abb. 7.2 Darstellung der Größe von χ^2 für den Fall einer konstanten Messfunktion mit nur einem Parameter a_0. Der Mittelwert der Werte liegt bei 0,529. Genau dort findet sich auch das Minimum von χ^2

7.3 Gewichteter Mittelwert

Auch der Fall, dass bei der Berechnung des Mittelwerts *nicht* alle y_i die gleiche Unsicherheit aufweisen, verdient genauere Betrachtung. Denn einerseits ist in der Praxis die Unsicherheit eines Messwertes manchmal (z. B. bei Zählereignissen, vgl. Abschn. 3.7) vom Wert selbst oder von anderen Einflüssen abhängig. Andererseits kommt es häufig vor, dass Messergebnisse als Ergebnis verschiedener Messreihen kombiniert werden, die dann meist unterschiedliche Unsicherheiten aufweisen. In diesem Fall wäre es sicher keine schlechte Idee, Werte mit einer kleineren Unsicherheit stärker in den Mittelwert einfließen zu lassen als Werte mit einer größeren Unsicherheit. Dies erfolgt über eine unterschiedliche Gewichtung der Abweichungsquadrate bei der Berechnung von χ^2.

Seien $y_1, \ldots, y_n$ Messwerte derselben Größe $\tilde{y}$ mit bekannten Unsicherheiten $u(y_1), \ldots, u(y_n)$, so erhält man

$$\chi^2 = \sum_{i=1}^{n} w_i \cdot \left(y_i - f_{a_0, a_1, a_2, \ldots}(x_i) \right)^2 \qquad (7.4)$$

mit den „Gewichten" (engl. *weight*)

$$w_i = (u(y_i))^{-2} = \frac{1}{(u(y_i))^2}. \qquad (7.5)$$

Als bester Wert für $\tilde{y}$ ergibt sich analog

$$\overline{y} = \frac{\sum_{i=1}^{n} (w_i\, y_i)}{\sum_{i=1}^{n} w_i}. \qquad (7.6)$$

Für die Unsicherheit dieses gewichteten Mittelwerts kann man nun zwei Ansätze wählen, um die Unsicherheit zu bestimmen. Betrachtet man die y_i als unabhängige (unkorrelierte) Eingangsgrößen einer Messfunktion, so kann man die Unsicherheit der Ausgangsgröße $\overline{y}$ über Gl. (6.29) als kombinierte Unsicherheit berechnen. Aus den Unsicherheiten der y_i berechnet man so die sogenannte *interne Unsicherheit* (auch *innere Unsicherheit* oder engl. *internal uncertainty*) von $\overline{y}$:

$$u_{\text{int}}(\overline{y}) = \sqrt{\frac{1}{\sum_{i=1}^{n} w_i}} \qquad (7.7)$$

Diese Unsicherheit ist immer kleiner als die kleinste Einzelunsicherheit.

Weiterhin kann man die Unsicherheit analog zur Standardabweichung des Mittelwerts aus der Streuung der Einzelwerte um den gewichteten Mittelwert berechnen. Berücksichtigt man auch bei der Berechnung der Unsicherheit die Gewichte der Messwerte, so erhält man die sogenannte *externe Unsicherheit* (auch *äußere Unsicherheit* oder engl. *external uncertainty*) von $\overline{y}$:

$$u_{\text{ext}}(\overline{y}) = \sqrt{\frac{\sum_{i=1}^{n} \left(w_i \cdot (y_i - \overline{y})^2 \right)}{(n-1) \cdot \sum_{i=1}^{n} w_i}} \qquad (7.8)$$

In der Regel sind $u_{\text{int}}(\overline{y})$ und $u_{\text{ext}}(\overline{y})$ etwa gleich groß. $u_{\text{ext}}(\overline{y})$ wird allerdings groß, wenn die Einzelwerte y_i stärker voneinander abweichen, als es ihre einzelnen Unsicherheiten erwarten lassen. Dies kann z. B. dann der Fall sein, wenn wichtige Einflussgrößen bei der Abschätzung der Unsicherheit vom Typ B nicht berücksichtigt wurden. Im günstigsten Fall steckt dahinter die Entdeckung neuer Physik. Der Vergleich von $u_{\text{int}}(\overline{y})$ mit $u_{\text{ext}}(\overline{y})$ ist also ein guter Test für die dem Experiment zugrunde liegenden Annahmen.

Als Unsicherheit $u(\overline{y})$ von $\overline{y}$ wird schließlich das Maximum von interner und externer Unsicherheit angegeben.

7.4 Ausgleichsgerade

Die nächst komplexere Funktion, die man an eine Messreihe anpassen kann, ist eine Gerade. Auch können viele Vorgänge in erster Ordnung sehr gut über einen linearen Zusammenhang beschrieben werden. Viele Programme ermöglichen die Berechnung einer solchen sogenannten Regressions- oder Ausgleichsgerade. Die Rechnung ist nicht sonderlich schwierig, wenn auch länglich, und zur Not auch mit dem Taschenrechner gut durchführbar. Die Herleitung dieser Ausdrücke ist hier für das Verständnis nicht notwendig und soll daher entfallen. Sie kann z. B. in Taylor (1988) nachgelesen werden.

Es seien $(x_1, y_1), \ldots, (x_n, y_n)$ Wertepaare einer Messreihe, an die eine Gerade der Form

$$y = f_{a_0, a_1}(x) = a_0 + a_1 \cdot x \tag{7.9}$$

angepasst werden soll. Unter den Voraussetzungen, dass einerseits die Unsicherheit der x_i vernachlässigbar ist und andererseits die y_i alle die gleiche, aber noch unbekannte Unsicherheit $u(y)$ aufweisen, genauer gesagt also, wenn alle Messwerte x_i exakt sind und jeder Messwert y_i einer Gauß-Verteilung mit der Breite $\sigma = u(y)$ folgt (vgl. Gl. 3.26), sind die besten Werte für die Konstanten a_0 und a_1 gegeben durch

$$a_0 = \frac{\left(\sum x_i^2\right)\left(\sum y_i\right) - \left(\sum x_i\right)\left(\sum x_i y_i\right)}{\Delta}, \tag{7.10}$$

$$a_1 = \frac{n\left(\sum x_i y_i\right) - \left(\sum x_i\right)\left(\sum y_i\right)}{\Delta} \tag{7.11}$$

mit der Kurzschreibweise

$$\Delta := n \left(\sum x_i^2 \right) - \left(\sum x_i \right)^2 , \tag{7.12}$$

wobei die Summen jeweils über alle Messwerte laufen.

Weiterhin ergeben sich die Unsicherheiten $u(y)$ der Messwerte y_i (mittlere Unsicherheit der Einzelmessung) sowie diejenigen der Parameter a_0 und a_1 nach

$$u(y) = \sqrt{\frac{1}{(n-2)} \sum_{i=1}^{n} (y_i - f(x_i))^2} \tag{7.13}$$

$$= \sqrt{\frac{1}{(n-2)} \sum_{i=1}^{n} (y_i - (a_0 + a_1 \cdot x_i))^2} \tag{7.14}$$

$$u(a_0) = \sqrt{\frac{(u(y))^2 \cdot \sum x_i^2}{\Delta}} \tag{7.15}$$

$$u(a_1) = \sqrt{\frac{n \cdot (u(y))^2}{\Delta}} . \tag{7.16}$$

Die Berechnung in Gl. (7.14) entspricht dabei weitgehend der Berechnung der Standardabweichung in Gl. (3.6), wobei hier aber jeweils nicht die Differenz zum Mittelwert, sondern die Differenz zum y-Wert der Ausgleichsgerade an der Stelle x_i berechnet wird. Der Nenner $(n-2)$ entspricht der Zahl der Freiheitsgrade (Messwerte minus Zahl der bereits aus ihnen berechneten Parameter), da ja zwei Parameter (a_0 und a_1) aus den Messwerten berechnet und in die Berechnung der Unsicherheit mit einbezogen wurden. Er unterscheidet sich daher vom Nenner $(n-1)$ in Gl. (3.6), bei der nur ein Parameter, nämlich der arithmetische Mittelwert, aus den Daten berechnet wird.

7.5   Ausgleichsgerade mit Gewichtung der Messwerte

Analog zum gewichteten Mittelwert kann natürlich auch bei der Anpassung einer Geraden der Fall auftreten, dass die einzelnen Werte y_i eine unterschiedliche Unsicherheit aufweisen. Diese kann auch in diesem Fall als Gewichtung verwendet werden. Bei der Anpassung einer Geraden der Form $y = a_0 + a_1 \cdot x$ an einen Satz von Messwerten $(x_1, y_1), \ldots, (x_n, y_n)$ kann man verallgemeinerte Formeln für den Fall angeben, dass die Unsicherheiten der x_i vernachlässigbar und die der verschiedenen y_i durch $u(y_i)$ gegeben sind. Man erhält dann

$$a_0 = \frac{\left(\sum w_i \, x_i^2 \right) \left(\sum w_i \, y_i \right) - \left(\sum w_i \, x_i \right) \left(\sum w_i \, x_i y_i \right)}{\Delta}, \tag{7.17}$$

$$a_1 = \frac{\left(\sum w_i \right) \left(\sum w_i \, x_i y_i \right) - \left(\sum w_i \, x_i \right) \left(\sum w_i \, y_i \right)}{\Delta} \tag{7.18}$$

$$(u(a_0))^2 = \sum_{j=1}^{n} \left(\frac{\left(\sum w_i \, x_i^2 \right) w_j - \left(\sum w_i \, x_i \right) w_j \, x_j}{\Delta} \cdot u(y_j) \right)^2 \tag{7.19}$$

$$(u(a_1))^2 = \sum_{j=1}^{n} \left(\frac{\left(\sum w_i \right) w_j \, x_j - \left(\sum w_i \, x_i \right) w_j}{\Delta} \cdot u(y_j) \right)^2 \tag{7.20}$$

mit

$$\Delta = \left(\sum w_i \right) \left(\sum w_i \, x_i^2 \right) - \left(\sum w_i \, x_i \right)^2 \tag{7.21}$$

$$w_i = \frac{1}{(u(y_i))^2}, \tag{7.22}$$

wobei auch hier alle Summen, bei denen es nicht explizit anders angegeben ist, über alle möglichen i laufen. Die Werte w_i bezeichnet man auch hier als „Gewichte" (engl. *weight*) der Messwerte. Sie sind ein Maß dafür, wie sehr der jeweilige Messwert die Berechnung der Ausgleichsgeraden beeinflusst.

Typische Beispiele für gewichtete Messwerte sind das Mitteln von Werten, die aus unterschiedlich langen Messreihen stammen, wodurch ihre Unsicherheiten unterschiedlich groß sind oder Messreihen, bei denen unterschiedliche Messgeräte bzw. Messbereiche verwendet wurden.

7.6 Anpassung einer allgemeinen Funktion

Die beschriebene Vorgehensweise für lineare Zusammenhänge lässt sich auf beliebige Funktionen einer oder mehrerer Variablen verallgemeinern. Dabei kann nach Bedarf eine Gewichtung der Messwerte nach den Unsicherheiten vorgenommen werden. Relativ häufig ist eine Gewichtung nach den Unsicherheiten der abhängigen Variable. Prinzipiell kann man die Verallgemeinerung sogar noch weiter treiben und auch eine Gewichtung nach den Unsicherheiten der unabhängigen Variablen durchführen. Das ist allerdings mit deutlich erhöhtem Aufwand verbunden, und da die Unsicherheiten der unabhängigen Variablen meist wesentlich kleiner sind als die Unsicherheiten der abhängigen Variable, wird in der Regel darauf verzichtet.

Wie bereits am Anfang des Kapitels erwähnt, wird die Kurvenanpassung für allgemeine Funktionen in der Regel numerisch durchgeführt, da eine analytische Lösung für Fälle, die über die Geradenanpassung hinausgehen, meist nicht möglich ist. Die Berechung erfolgt dann iterativ und schrittweise, bis die gewünschte Genauigkeit erreicht ist. Hierfür steht eine große Zahl sowohl kostenloser als auch kommerzieller Programme zur Verfügung. Eine Gewichtung über die Unsicherheiten der unabhängigen Variablen ist dabei allerdings meist gar nicht oder nur in „pro"-Versionen möglich.

7.7   Zusammenfassung und Fragen

7.7.1   Zusammenfassung

Für einen vermuteten oder auf Basis einer Theorie begründeten funktionalen Zusammenhang zwischen den unabhängigen Variablen und der abhängigen Variable, bei der bestimmte Parameter einer Messfunktion zunächst noch unbekannt sind, lassen sich nach der Methode der kleinsten Abweichungsquadrate (engl. *least squares fit*) die Parameter bestimmen, für welche die Funktion die Messdaten am besten beschreibt. Der Graph der Funktion passt dann gut zu den Datenpunkten.

Die Parameter können bei geeigneter Wahl der Funktion eine physikalische Bedeutung haben und das eigentliche Resultat eines Experiments darstellen.

Außer bei linearen Zusammenhängen ist die Ermittlung der Parameter in der Regel nicht analytisch, sondern ausschließlich numerisch möglich.

Falls die Messdaten unterschiedliche Unsicherheiten aufweisen, können diese zusätzlich in Form einer sogenannten Gewichtung der Daten berücksichtigt werden.

7.7.2   Fragen

1. Zu welchem Zweck führt man üblicherweise eine Kurvenanpassung durch?
2. Werden bei der Kurvenanpassung immer alle Datenpunkte gleich behandelt?
3. Wie kann man die Verwendung des arithmetischen Mittelwerts als Ergebnis einer Messreihe begründen?

Bewertung von Messergebnissen

8

Inhaltsverzeichnis

Sind zwei Messwerte gegeben, so stellt sich oft die Frage, ob die Werte „zueinander passen" bzw. „miteinander verträglich sind". Die Frage ist sehr zentral, denn die Antwort kann z. B. darüber entscheiden, ob „nur" ein Ergebnis reproduziert wurde (was ja auch schon wichtig sein kann), oder ob eine völlig neue Entdeckung gemacht wurde. Eine entsprechende Aussage ist nur unter Berücksichtigung der Messunsicherheiten zu treffen. Ist man sich der Lage zweier Werte sehr sicher, würde man sogar bei einer sehr kleinen Differenz der Werte geneigt sein, diese als unterschiedlich zu bewerten. Ist die Unsicherheit bei einem oder gar beiden Werten groß, würde man diese Aussage höchstwahrscheinlich nicht treffen wollen.

Leider ist eine solche Entscheidung nicht so leicht zu fällen, wie es vielleicht anfänglich scheint. Wie in Abb. 3.6 schon gezeigt wurde, schwanken z. B. die Werte und damit auch die Mittelwerte von Messreihen selbst an ein und demselben völlig unveränderten Experiment. Man ist sich der Lage des Mittelwertes also nur bis zu einem gewissen Grad sicher. Auch tritt teilweise eine Unsicherheit dadurch auf, dass nur unvollständiges Wissen über eine Größe vorhanden ist. Wie kann man so unterscheiden, ob der Unterschied zwischen zwei Messergebnissen einfach durch die Unsicherheit bezüglich der Lage der vorliegenden Werte hervorgerufen wurde (die so „verträglich wären") oder ob sich hier wirklich ein echter (als signifikant bezeichneter) Unterschied zwischen den Ergebnissen zeigt.

8.1   Qualitativer Vergleich

Für eine sehr einfache Bewertung zweier Ergebnisse kann man wie folgt vorgehen, wobei zur Vereinfachung angenommen werden soll, dass alle Messwerte einer Gauß-Verteilung folgen und jeweils die einfache Standardunsicherheit angegeben ist, also keine erweiterte Unsicherheit.

Unter diesen Umständen kann man zwei Messwerte als „miteinander verträglich" bezeichnen, sofern sich die Unsicherheitsintervalle überlappen. In diesem Fall überlappen die Verteilungen der zwei Ergebnisse weit, weil die Unsicherheit als Standardabweichung des Mittelwertes angegeben wird und sich so der größte Teil der Messwerte außerhalb der angegebenen Unsicherheitsintervalle befindet (siehe Abb. 8.1). Diese Regel ist recht einfach anwendbar. Unter der gegebenen Annahme und bei einer hinreichend großen Zahl von Einzelmessungen kann man dann sogar zeigen, dass die Wahrscheinlichkeit dafür, dass den Messungen keine unterschiedlichen Größen zugrunde liegen, mindestens 68 % beträgt. Wenn die beiden Unsicherheiten gleich groß sind, beträgt dieser sogenannte Grad des Vertrauens sogar 84 %. Diese Faustregel wird in Abb. 8.2 noch einmal verdeutlicht.

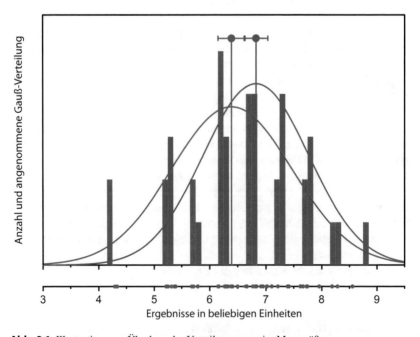

Abb. 8.1 Illustration zum Überlapp der Verteilungen zweier Messgrößen

Abb. 8.2 Illustration zur
Faustregel beim Vergleich
von Messergebnissen

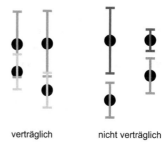

verträglich   nicht verträglich

Etwas fortgeschrittener könnte man auch die Differenz der zwei zu vergleichenden Ergebnisse sowie die Unsicherheit dieser Differenz berechnen. Wenn die Differenz null, für den die zwei Werte gleich sind, innerhalb des Unsicherheitsintervalls liegt, bewertet man die Werte als verträglich. Diese Idee kann unter Zuhilfenahme der Wahrscheinlichkeitsdichteverteilungen zu einem quantitativen Vergleich erweitert werden.

8.2 Quantitativer Vergleich

Der vorgestellte qualitative Vergleich ist recht willkürlich und ungenau. Außerdem gibt es bei einem Vergleich zweier Ergebnisse (Wahrscheinlichkeitsdichteverteilungen) eigentlich mehr Möglichkeiten als nur „Ja" oder „Nein". Sinnvoller wäre eine Angabe, mit welcher Wahrscheinlichkeit zwei Werte als unterschiedlich anzusehen sind oder nur durch das unvollständige Wissen über die Größen unterschiedlich erscheinen (also verträglich sind). Deshalb wird häufiger ein Signifikanztest gewählt, dessen Ergebnis genau das angibt.

Tests dieser Art gibt es recht viele, die alle unter leicht unterschiedlichen Voraussetzungen angewendet werden können. Die Grundidee all dieser Tests ist aber recht ähnlich. Auch hierfür wird die Differenz zweier Werte betrachtet und die Annahme gemacht, die zwei Werte wären gleich. Diese Annahme wird im nächsten Schritt überprüft. Wenn man weiter annimmt, dass die zwei Größen gaußverteilt sind, ist auch die Verteilung der Differenz dieser zwei Werte gaußförmig mit einer gewissen Standardabweichung, die von den Standardabweichungen der zwei Größen abhängt. Wenn es sich um Mittelwerte handelt, sind das die Standardabweichungen der Mittelwerte. Aufgrund der Annahme, die zwei Werte wären gleich, liegt das Maximum dieser Verteilung bei null. Um unabhängig von der Standardabweichung der Verteilung zu werden, nimmt man zusätzlich noch eine Art Normierung vor und trägt die Verteilung nicht gegen die Variable x auf, sondern gegen $\frac{x}{\sigma}$. Damit erhält man eine Verteilung, deren Breite nicht mehr von σ abhängt (vgl. Abb. 3.8):

$$G_{\mu=0,\sigma}(x) = \frac{1}{\sqrt{2\pi\sigma^2}} \cdot e^{\frac{-x^2}{2\sigma^2}} \tag{8.1}$$

$$= \frac{1}{\sqrt{2\pi} \cdot \sigma} \cdot e^{-\frac{1}{2}\left(\frac{x}{\sigma}\right)^2}$$

$$= \frac{1}{\sqrt{2\pi} \cdot \sigma} \cdot e^{-\frac{1}{2}t^2} = G(t)$$

mit

$$t = \frac{x}{\sigma} \tag{8.2}$$

Normiert man diese Verteilung zusätzlich noch auf eine Gesamtwahrscheinlichkeit von 1, so erhält man:

$$G(t) = \frac{1}{\sqrt{2\pi}} \cdot e^{-\frac{1}{2}t^2} \tag{8.3}$$

Aus dieser Verteilung kann nun abgelesen werden, mit welcher Wahrscheinlichkeit bestimmte Differenzen der zwei Vergleichsgrößen zu finden sind. Nimmt man das Integral von z. B. -2 bis 2, erhält man die Wahrscheinlichkeit, eine Differenz der Werte zwischen $-2\sigma_x$ und $2\sigma_x$ zu finden. Die Wahrscheinlichkeit, zwei Werte zu finden, die um maximal $2\sigma_x$ (der Verteilung ihrer Differenzen) voneinander abweichen, ist genau so groß wie das berechnete Integral. Um diese Bewertung vornehmen zu können, muss die Breite der Verteilung der Differenz berechnet werden. Genau an dieser Stelle unterscheiden sich viele Tests.

Der sogenannte Welch-Test für zwei unabhängige Stichproben geht den im Rahmen der Behandlung von Unsicherheiten vertrauten Weg und definiert die Breite der Verteilung σ_{Diff} der Differenzen als

$$\sigma_{\text{Diff}} = \sqrt{(u(a))^2 + (u(b))^2}, \tag{8.4}$$

wobei $u(a)$ und $u(b)$ die Unsicherheiten der zwei zu vergleichenden Werte a und b sind.

Damit kann die gemessene Differenz der Vergleichsgrößen in Vielfachen dieser Breite ausgedrückt werden, und man erhält einen entsprechenden Wert für t (auch vielfach als t-Wert bezeichnet, nicht zu verwechseln mit dem t-Faktor der Student'schen Verteilung):

$$t_{\text{Diff}} = \frac{a - b}{\sigma_{\text{Diff}}} = \frac{a - b}{\sqrt{(u(a))^2 + (u(b))^2}} \tag{8.5}$$

Ein großer Wert für t_{Diff} ergibt sich also, wenn der Unterschied der Werte groß im Vergleich zur kombinierten Unsicherheit bzw. Breite der Verteilung der Differenz ist; ein kleiner t-Wert, wenn der Unterschied der Werte klein im Vergleich zur kombinierten Unsicherheit ist. Kleine t-Werte sprechen also für verträgliche, große für unterschiedliche Ergebnisse.

Die Wahrscheinlichkeit, diese oder eine kleinere Differenz zu finden (unter der Annahme, dass die Ergebnisse gleich sind) und damit zwei vereinbare Ergebnisse zu haben, ist damit

$$P(-t_{\text{Diff}}, t_{\text{Diff}}) = \int\limits_{-t_{\text{Diff}}}^{t_{\text{Diff}}} G(t)\mathrm{d}t. \tag{8.6}$$

Dabei werden sowohl negative also auch positive Anteile der Wahrscheinlichkeitsdichtefunktion verwendet, weil die Unsicherheit eine ungerichtete Größe ist. Die Wahrscheinlichkeit als Ergebnis des Integrals ist in Abb. 8.3 als rote Fläche illustriert.

An dieser Stelle wird die Betrachtung umgedreht und geschaut, ob der berechnete Wert für t_{Diff} innerhalb oder außerhalb eines Bereiches für eine festgelegte Wahrscheinlichkeit liegt. Als Schwellwert wird häufig ein Bereich von 0,90 (90 %), 0,95 (95 %) oder 0,99 (99 %) verwendet. Liegt der Wert für t_{Diff} außerhalb des Bereiches für z. B. $p = 0,90$, ist die Wahrscheinlichkeit, dass dieser Wert für zwei gleiche Ergebnisse auftritt, kleiner als 0,1. Liegt er sogar außerhalb des Bereichs für $p = 0,95$, dann ist die Wahrscheinlichkeit kleiner als 0,05. Liegt der Wert für t_{Diff} außerhalb eines dieser Bereiche, so sagt man, dass sich die zwei Ergebnisse mit einer Irrtumswahrscheinlichkeit von 0,10 bzw. 0,05 *signifikant* unterscheiden.

Wie auch schon in früheren Kapiteln immer wieder erwähnt wurde, weicht die Verteilung für Ergebnisse, die auf eine kleine Zahl von Messungen zurückgehen, also eine geringe Zahl von Freiheitsgraden haben, von der Normalverteilung ab. Diese folgen der sogenannten t-Verteilung f_{ν}, deren Form (und vor allem Breite) von der Zahl der Freiheitsgrade abhängt und die für eine große Zahl von Freiheitsgraden

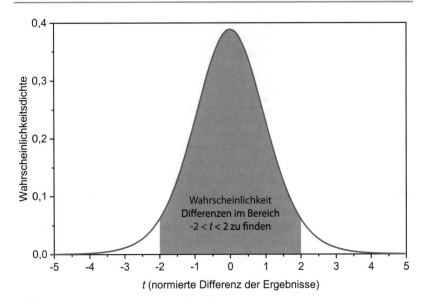

Abb. 8.3 Wahrscheinlichkeitsdichteverteilung der Differenz zweier Größen in Abhängigkeit von der normierten Differenz $\frac{a-b}{\sigma_{a-b}}$. Der schraffierte Bereich ist die Wahrscheinlichkeit dafür, eine Differenz kleiner $2 \cdot \sigma_{a-b}$ zu finden

in die Normalverteilung übergeht. Die genaue mathematische Darstellung dieser Verteilung spielt an dieser Stelle keine Rolle. Die Berechnung des Integrals ist analytisch nur schwer möglich, und in der Regel wird daher auf tabellierte Ergebnisse zurückgegriffen. Wichtig ist lediglich, dass die effektive Zahl der Freiheitsgrade ν der Welch-Satterthwaite-Formel (6.33) folgend abgeschätzt werden muss, um die passende Verteilung zu wählen. Die Formel für die Wahrscheinlichkeit wird so zu

$$P(-t_{\text{Diff}}, t_{\text{Diff}}) = \int\limits_{-t_{\text{Diff}}}^{t_{\text{Diff}}} f_\nu(t)\mathrm{d}t \tag{8.7}$$

mit $f_\nu(t)$ der t-Verteilung. Die Ergebnisse dieses Integrals für verschiedene Freiheitsgrade finden sich in Tab. 8.1.

8.3 Beispiel

Über zwei verschiedene Methoden wurde der elektrische Widerstand eines Drahtes bestimmt. Die Ergebnisse sind $13,42(21)\,\Omega$ und $12,82(36)\,\Omega$. Die Freiheitsgrade der Ergebnisse beider Messmethoden seien $v_1 = 7$ und $v_2 = 9$. Für die Differenz der Werte ergibt sich

$$R_{\text{Diff}} = 13,42\,\Omega - 12,82\,\Omega = 0,6\,\Omega.$$

Die kombinierte Unsicherheit und damit die Standardabweichung der Verteilung der Differenz ist

$$\sigma_{\text{Diff}} = \sqrt{0,21^2 + 0,36^2}\,\Omega = 0,42\,\Omega,$$

womit man

$$t_{\text{Diff}} = \frac{R_{\text{Diff}}}{\sigma_{\text{Diff}}} = \frac{0,60}{0,42} = 1,43$$

findet. Die Differenz der Werte ist also 1,43-mal so groß wie die Standardabweichung der Verteilung der Differenz. Der Freiheitsgrad der Differenzen ist nach Gl. (6.33)

$$v_{\text{eff}} = \frac{\left((u(a))^2 + (u(b))^2\right)^2}{\frac{(u(a))^4}{v_1} + \frac{(u(b))^4}{v_2}} = \frac{\left(0,21^2 + 0,36^2\right)^2}{\frac{0,21^4}{7} + \frac{0,36^4}{9}} \approx 14. \tag{8.8}$$

In der Tabelle findet man für $v = 14$ bei 20 % den Wert 1,345 und bei 10 % den Wert 1,761. Die Ergebnisse sind also mit einer Wahrscheinlichkeit von mindestens 20 % als nicht unterschiedlich zu bewerten. Sie unterscheiden sich also nicht signifikant voneinander und sind damit als verträglich anzusehen.

8.4 Zusammenfassung und Fragen

8.4.1 Zusammenfassung

Eine wichtige Anwendung von Unsicherheiten liegt im Vergleich von Messwerten. Vergleiche ohne Betrachtung der Unsicherheit sind völlig wertlos. Für diesen Zweck setzt man in der Regel die Differenz der Ergebnisse in Beziehung zur Unsicherheit

Tab. 8.1 Wahrscheinlichkeiten dafür, dass zwei Werte als unterschiedlich angenommen werden, obwohl sie eigentlich gleich sind, in Abhängigkeit von der Zahl der Freiheitsgrade und t_{Diff}. Um die Wahrscheinlichkeit für eine Zahl von Freiheitsgraden ν und einen gegebenen Wert von t_{Diff} zu erhalten, wählt man zuerst die Zeile entsprechend der Zahl der Freiheitsgrade. Anschließend sucht man in dieser Zeile den Wert für t, der gerade noch kleiner ist als der gegebene Wert t_{Diff}. Die Wahrscheinlichkeit über dieser Spalte gibt an, wie groß die Wahrscheinlichkeit ist, dass die zwei Werte, aus denen t_{Diff} berechnet wurde, gleich sind, obwohl sie als unterschiedlich bewertet wurden

Zahl ν der Freiheitsgrade	Wahrscheinlichkeit, dass mit unten stehendem t_{Diff} zwei Ergebnisse irrtümlich als signifikant unterschiedlich bewertet werden										
	0,9	0,8	0,7	0,6	0,5	0,4	0,3	0,2	0,1	0,05	0,01
1	0,158	0,325	0,510	0,727	1,000	1,376	1,963	3,078	6,314	12,706	63,657
2	0,142	0,289	0,445	0,617	0,816	1,061	1,386	1,886	2,920	4,303	9,925
3	0,137	0,277	0,424	0,584	0,765	0,978	1,250	1,638	2,353	3,182	5,841
4	0,134	0,271	0,414	0,569	0,741	0,941	1,190	1,533	2,132	2,776	4,604
5	0,132	0,267	0,408	0,559	0,727	0,920	1,156	1,476	2,015	2,571	4,032
6	0,131	0,265	0,404	0,553	0,718	0,906	1,134	1,440	1,943	2,447	3,707
7	0,130	0,263	0,402	0,549	0,711	0,896	1,119	1,415	1,895	2,365	3,499
8	0,130	0,262	0,399	0,546	0,706	0,889	1,108	1,397	1,860	2,306	3,355
9	0,129	0,261	0,398	0,543	0,703	0,883	1,100	1,383	1,833	2,262	3,250
10	0,129	0,260	0,397	0,542	0,700	0,879	1,093	1,372	1,812	2,228	3,169
11	0,129	0,260	0,396	0,540	0,697	0,876	1,088	1,363	1,796	2,201	3,106
12	0,128	0,259	0,395	0,539	0,695	0,873	1,083	1,356	1,782	2,179	3,055
13	0,128	0,259	0,394	0,538	0,694	0,870	1,079	1,350	1,771	2,160	3,012
14	0,128	0,258	0,393	0,537	0,692	0,868	1,076	1,345	1,761	2,145	2,977
15	0,128	0,258	0,393	0,536	0,691	0,866	1,074	1,341	1,753	2,131	2,947
16	0,128	0,258	0,392	0,535	0,690	0,865	1,071	1,337	1,746	2,120	2,921

(Fortsetzung)

Tab. 8.1 (Fortsetzung)

Zahl ν der Freiheitsgrade	Wahrscheinlichkeit, dass mit unten stehendem t_{Diff} zwei Ergebnisse irrtümlich als signifikant unterschiedlich bewertet werden										
	0,9	0,8	0,7	0,6	0,5	0,4	0,3	0,2	0,1	0,05	0,01
17	0,128	0,257	0,392	0,534	0,689	0,863	1,069	1,333	1,740	2,110	2,898
18	0,127	0,257	0,392	0,534	0,688	0,862	1,067	1,330	1,734	2,101	2,878
19	0,127	0,257	0,391	0,533	0,688	0,861	1,066	1,328	1,729	2,093	2,861
20	0,127	0,257	0,391	0,533	0,687	0,860	1,064	1,325	1,725	2,086	2,845
21	0,127	0,257	0,391	0,532	0,686	0,859	1,063	1,323	1,721	2,080	2,831
22	0,127	0,256	0,390	0,532	0,686	0,858	1,061	1,321	1,717	2,074	2,819
23	0,127	0,256	0,390	0,532	0,685	0,858	1,060	1,319	1,714	2,069	2,807
24	0,127	0,256	0,390	0,531	0,685	0,857	1,059	1,318	1,711	2,064	2,797
25	0,127	0,256	0,390	0,531	0,684	0,856	1,058	1,316	1,708	2,060	2,787
26	0,127	0,256	0,390	0,531	0,684	0,856	1,058	1,315	1,706	2,056	2,779
27	0,127	0,256	0,389	0,531	0,684	0,855	1,057	1,314	1,703	2,052	2,771
28	0,127	0,256	0,389	0,530	0,683	0,855	1,056	1,313	1,701	2,048	2,763
29	0,127	0,256	0,389	0,530	0,683	0,854	1,055	1,311	1,699	2,045	2,756
30	0,127	0,256	0,389	0,530	0,683	0,854	1,055	1,310	1,697	2,042	2,750
...											
∞	0,1256	0,2533	0,3853	0,5244	0,6745	0,8416	1,0364	1,2815	1,6449	1,9600	2,5758

der zwei Ergebnisse. Liegen die Werte im Vergleich zu ihren Unsicherheiten weit auseinander, so werden sie als verschieden, andernfalls als verträglich bewertet. Dies kann über eine Betrachtung des Überlapps der zwei Unsicherheitsintervalle erfolgen oder über einen sogenannten Signifikanztest. Letzterer gibt als zusätzliche Information an, mit welcher Wahrscheinlichkeit die Bewertung, dass zwei Ergebnisse als unterschiedlich zu bewerten sind, zutreffend ist.

8.4.2 Fragen

1. Warum sind Vergleiche von Ergebnissen ohne Betrachtung der Unsicherheit wertlos?
2. Wenn die Differenz zweier Ergebnisse einen festen Wert hat, ist es dann wahrscheinlicher, dass die Ergebnisse tatsächlich unterschiedlich sind, wenn die Unsicherheit der Differenz klein oder groß ist?
3. Für einen Wert für $t_{\text{Diff}} = 2,10$ ist die Irrtumswahrscheinlichkeit für einen signifikanten Unterschied der Ergebnisse je nach Zahl der Freiheitsgrade $p < 0,3$ für $\nu = 1$ und $p < 0,05$ für $\nu = 20$. Erklären Sie den Zusammenhang unter Zuhilfenahme der Unsicherheit der Unsicherheit.

Lösungen

9

Inhaltsverzeichnis

9.1 Umgang mit den Lösungen

Es gibt bei den meisten Aufgaben zu den vorangegangenen Kapiteln nicht *die eine* Lösung, sondern es sind verschiedene Lösungen möglich. An dieser Stelle sollen solche möglichen Lösungen angegeben werden.

9.2 Lösungen zu Kap. 2

1. Die Quantisierung ermöglicht den quantitativen Vergleich von Messwerten.
2. Definiert werden nicht die Naturkonstanten selbst, sondern nur deren zahlenmäßige Darstellung im Rahmen des SI.
3. Die meisten der Basiseinheiten hängen zusammen. Nur das Mol wird vollständig unabhängig von allen anderen Basiseinheiten definiert.

© Springer-Verlag GmbH Deutschland, ein Teil von Springer Nature 2020   123
P. Möhrke und B.-U. Runge, *Arbeiten mit Messdaten*,
https://doi.org/10.1007/978-3-662-60660-5_9

4. Der Unterschied besteht in der Art der verwendeten Einheit. Bei einer Messung handelt es sich um allgemein (in der Regel international) genormte Einheiten, bei einer Schätzung um leicht zugängliche individuelle Einheiten mit wesentlich geringerer Reproduzierbarkeit und Akzeptanz.

9.3   Lösungen zu Kap. 3

1. – Vorzeichen: positiv
   – Betrag: kleiner als die Standardabweichung der Stichprobe, wird mit wachsender Stichprobe immer kleiner
   – Bedeutung: beschreibt die Unsicherheit des Mittelwertes, wird als Standardunsicherheit angegeben
2. Form der Verteilung, insbesondere Symmetrie der Verteilung
3. Nicht immer. Die Verteilung kann zwar ein Maximum beim Erwartungswert haben, das muss aber nicht so sein.
4. Es handelt sich um eine „Digitalanzeige". Daher ist die durch die Schrittweite der Anzeige verursachte Unsicherheit
$$u(m) = \frac{1\,\mathrm{kg}}{2\sqrt{3}} = 0,289\,\mathrm{kg}.$$

9.4   Lösungen zu Kap. 4

1. Die Unsicherheit der Unsicherheit ist zumindest bei den üblicherweise auftretenden Anzahlen von Messwerten zu groß, um mehr als zwei Ziffern zu rechtfertigen, und zu klein, als dass eine Ziffer allein bereits ausreichen würde.
2. Der Unterschied liegt in der Behandlung der Ziffer 5: Beim kaufmännischen Runden wird immer aufgerundet, wenn auf die zu rundende Stelle eine Ziffer 5 folgt. Beim wissenschaftlichen Runden wird nur dann aufgerundet, wenn auf die zu rundende Stelle die Ziffer 5 und weitere Ziffern ungleich null folgen, oder wenn nur die Ziffer 5 folgt, aber beim Aufrunden eine gerade Ziffer entsteht. Sonst wird abgerundet.
3. $I = 13,453(13)\,\mathrm{A}$
4. Ja, das ist immer so. Nimmt man an, die Wahrscheinlichkeitsdichte wäre am einen Rand des Intervalls größer als am anderen, dann könnte man ein kürzeres Intervall finden, indem man auf der Seite mit der größeren Wahrscheinlichkeitsdichte das Intervall etwas erweitert und auf der anderen Seite um (ein größeres Stück) verkleinert.

9.5   Lösungen zu Kap. 5

1. Nein, denn beim Modell eines neuen Hauses handelt es sich um eine gegenständliche Abbildung. Ein Modell im Sinne der Messtechnik ist nicht gegenständlich, sondern mathematisch. Es besteht aus der Beschreibung von Zusammenhängen zwischen verschiedenen (oft physikalischen) Größen mit Hilfe mathematischer Gleichungen.
2. Z. B. zur Berechnung von nicht direkt zugänglichen Ausgangsgrößen aus direkt messbaren Eingangsgrößen.
3. Die Prozessgleichungen beschreiben nur den idealisierten, der Messung zugrunde liegenden Prozess. Eventuell notwendige Korrekturen aufgrund von nicht ideal funktionierenden Messgeräten sind nicht enthalten. Auch weitere Größen, die zumindest in gewissem Umfang die Messung beeinflussen, aber nicht zu den primären Eingangsgrößen gehören (häufig also Größen wie Temperatur, Luftfeuchtigkeit, Luftdruck, Umgebungshelligkeit, Staubkonzentration usw.), sind nicht enthalten.
4. Rechteckverteilung
5. a) Die Unsicherheit ist der größere der beiden Werte von
   – 1,5 % des abgelesenen Wertes,
   – 3 Schritten in der letzten Ziffer der Anzeige.
   Das ist je nach Ablesewert und Schrittweite sehr unterschiedlich.
   b) Der angezeigte Zahlenwert von 123 lässt darauf schließen, dass die Schrittweite in der letzten Ziffer 1 ist. Daher gilt:
   – 1,5 % von 123 mA sind 1,845 mA,
   – 3 Schritte in der letzten Ziffer sind 3 mA.
   Der größere der beiden Werte ist 3 mA. Dies ist die absolute Unsicherheit des Messgerätes.

9.6   Lösungen zu Kap. 6

1. Die Steigung der Messfunktion muss konstant sein.
2. An Stellen, bei denen die partielle Ableitung der Messfunktion nach der Eingangsgröße gleich null ist.
3. Dreiecksverteilung

9.7   Lösungen zu Kap. 7

1. Ein Zweck kann eine gute grafische Darstellung der Messwerte zusammen mit einer „glatten" Kurve sein. Oft haben aber auch die Anpassungsparameter der Funktion selbst eine physikalische Bedeutung und stellen sogar das eigentliche Ergebnis der Messung dar.
2. Nein, wenn die Unsicherheiten der einzelnen Datenpunkte unterschiedlich groß sind, werden die Datenpunkte bei der Berechnung der Anpassungsparameter auch unterschiedlich stark gewichtet, nämlich mit dem Kehrwert der quadrierten Unsicherheit.
3. Wenn man mehrfach die gleiche Größe misst und dann die Messwerte als Funktion der Nummer der Messung aufträgt, erwartet man eine Gerade mit der Steigung null. Ihr Ordinatenachsenabschnitt ist der am besten zur ganzen Messreihe passende Wert. Man kann ihn also als Ordinatenachsenabschnitt einer Anpassungsgeraden mit der Steigung null berechnen. Die Formel hierzu ist identisch mit der Formel für den arithmetischen Mittelwert.

9.8   Lösungen zu Kap. 8

1. Ohne Betrachtung der Unsicherheit ist keine Aussage möglich, wie wahrscheinlich es ist, dass die Differenz von zwei Ergebnissen rein zufällig entstanden ist. Eine zufällige Differenz erlaubt aber keine Rückschlüsse auf Gesetzmäßigkeiten.
2. Die Wahrscheinlichkeit, dass die Ergebnisse unterschiedlich sind, sich also nicht nur zufällig unterscheiden, ist größer, wenn die Unsicherheit der Differenz klein ist.
3. Die Unsicherheit der Unsicherheit ist für eine geringe Zahl von Freiheitsgraden größer. Daher ist die Irrtumswahrscheinlichkeit größer, eine nicht signifikante Differenz fälschlicherweise als signifikant einzustufen.

Literatur

Azuma, Y., Barat, P., Bartl, G., Bettin, H., Borys, M., Busch, I., Cibik, L., D'Agostino, G., Fujii, K., Fujimoto, H., Hioki, A., Krumrey, M., Kuetgens, U., Kuramoto, N., Mana, G., Massa, E., Meeß, R., Mizushima, S., Narukawa, T., Nicolaus, A., Pramann, A., Rabb, S.A., Rienitz, O., Sasso, C., Stock, M., Vocke, R.D., Waseda, A., Wundrack, S., Zakel, S.: Improved measurement results for the avogadro constant using a ^{28}Si-enriched crystal. Metrologia **52**(2), 360–375 (2015)

BIPM. https://www.bipm.org/utils/common/img/rev-si/SI-4-png.zip. (2018)

CODATA 2014. Datenbank für Fundamentalkonstanten usw. http://www.codata.org. (2014)

Conrad Electronic SE. VC130-1 DIGITAL MULTIMETER – Technical Data. (2014)

DIN 1319-1:1995-01, Grundlagen der Meßtechnik – Teil 1: Grundbegriffe. (1995)

DIN 1319-2:2005-10, Grundlagen der Messtechnik – Teil 2: Begriffe für Messmittel. (2005)

DIN 1319-3:1996-05, Grundlagen der Meßtechnik – Teil 3: Auswertung von Messungen einer einzelnen Meßgröße, Meßunsicherheit. (1996)

DIN 1319-4:1999-02, Grundlagen der Meßtechnik – Teil 4: Auswertung von Messungen, Meßunsicherheit. (1999)

DIN 5031-3:1982-03, Strahlungsphysik im optischen Bereich – Teil 3: Größen, Formelzeichen und Einheiten der Lichttechnik. (1982)

DIN IEC 60559:1992-01, Binäre Gleitpunktarithmetik für Mikroprozessorsysteme. (1992)

DIN EN ISO 80000-1:2013-08, Größen und Einheiten – Teil 1: Allgemeines (ISO/DIN 80000-1:2017). (2013)

DIN EN ISO 80000-2:2016-09, Größen und Einheiten – Teil 2: Mathematik (ISO/DIN 80000-2:2016). (2016)

DIN V ENV 13005:1999-06, Leitfaden zur Angabe der Unsicherheit beim Messen – Deutsche Übersetzung des „Guide to the Expression of Uncertainty in Measurement". (1999)

Frenkel, B., Kirkup, L.: An Introduction to Uncertainty in Measurement, 1. Aufl. Cambridge University Press, Cambridge (2006)

Giere, R.N.: How models are used to represent reality. Philos. Sci. **71**(5), 742–752 (2004). https://doi.org/10.1086/425063

Glaisher, J.W.L.: On a class of definite integrals. Phil. Mag. Ser. **4**(42), 294–302 (1871a)

Glaisher, J.W.L.: On a class of definite integrals – part ii. Phil. Mag. Ser. **4**(42), 421–436 (1871b)

IEEE 754-2008, Standard for floating-point arithmetic. (2008)

© Springer-Verlag GmbH Deutschland, ein Teil von Springer Nature 2020
P. Möhrke und B.-U. Runge, *Arbeiten mit Messdaten*,
https://doi.org/10.1007/978-3-662-60660-5

ISO/IEC Guide 98-1, Messunsicherheit – Teil 1: Einleitung zur Angabe der Unsicherheit beim Messen. (2009)

Joint Committee for Guides in Metrology (JCGM). Evaluation of measurement data – Guide to the Expression of Uncertainty in Measurement, 2. Aufl. Joint Committee for Guides in Metrology (JCGM) (2008)

Lira, I. Evaluating the Measurement Uncertainty – Fundamentals and Practical Guidänce, 1. Aufl. Institute of Physics Publishing (2002)

Pesch, B. Bestimmung der Messunsicherheit nach GUM – Grundlagen der Metrologie, 1. Aufl. Books on Demand, Norderstedt (2004)

Physikalisch-Technische Bundesanstalt. Auswertung von Messdaten – Eine Einführung zum „Leitfaden zur Angabe der Unsicherheit beim Messen" (GUM) und zu den dazugehörigen Dokumenten. (2011)

Pisanty, E. https://github.com/episanty/SI-unit-relations. (2016)

Schlamminger, S., Steiner, R.L., Haddad, D., Newell, D.B., Seifert, F., Chao, L.S., Liu, R., Williams, E.R., Pratt, J.R.: A summary of the Planck constant measurements using a watt balance with a superconducting solenoid at NIST. Metrologia $52(2)$, L5–L8 (2015)

Sheynin, O.B.: Origin of the theory of errors. Nature $211(5052)$, 1003–1004 (1966)

Stachowiak, H.: Allgemeine Modelltheorie. Springer Verlag, Wien (1973)

Taylor, J.R.: Fehleranalyse – Eine Einführung in die Untersuchung von Unsicherheiten in physikalischen Messungen, 1. Aufl. VCH Verlagsgesellschaft, Weinheim (1988)

Taylor, J.R.: An Introduction to Error Analysis – The Study of Uncertainties in Physical Measurements, 2. Aufl. University Science Books, Sausalito (1997)

Stichwortverzeichnis

Springer

Willkommen zu den Springer Alerts

- Unser Neuerscheinungs-Service für Sie:
  aktuell *** kostenlos *** passgenau *** flexibel

Springer veröffentlicht mehr als 5.500 wissenschaftliche Bücher jährlich in gedruckter Form. Mehr als 2.200 englischsprachige Zeitschriften und mehr als 120.000 eBooks und Referenzwerke sind auf unserer Online Plattform SpringerLink verfügbar. Seit seiner Gründung 1842 arbeitet Springer weltweit mit den hervorragendsten und anerkanntesten Wissenschaftlern zusammen, eine Partnerschaft, die auf Offenheit und gegenseitigem Vertrauen beruht.

Die SpringerAlerts sind der beste Weg, um über Neuentwicklungen im eigenen Fachgebiet auf dem Laufenden zu sein. Sie sind der/die Erste, der/die über neu erschienene Bücher informiert ist oder das Inhaltsverzeichnis des neuesten Zeitschriftenheftes erhält. Unser Service ist kostenlos, schnell und vor allem flexibel. Passen Sie die SpringerAlerts genau an Ihre Interessen und Ihren Bedarf an, um nur diejenigen Information zu erhalten, die Sie wirklich benötigen.

Mehr Infos unter: springer.com/alert

Printed in the United States
By Bookmasters